物质构成的化学

U0586330

MAGICAL CHEMISTRY

人类在
化学上的探知

徐东梅◎编著

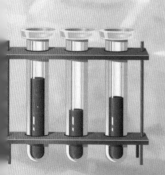

中国出版集团
现代出版社

图书在版编目（CIP）数据

人类在化学上的探知 / 徐东梅编著 . —北京：现
代出版社，2012.12 （2024.12重印）
（物质构成的化学）
ISBN 978 - 7 - 5143 - 0973 - 7

Ⅰ . ①人… Ⅱ . ①徐… Ⅲ . ①化学 – 青年读物②化学
– 少年读物 Ⅳ . ①O6 - 49

中国版本图书馆 CIP 数据核字（2012）第 275550 号

人类在化学上的探知

编　　著	徐东梅	
责任编辑	刘春荣	
出版发行	现代出版社	
地　　址	北京市朝阳区安外安华里 504 号	
邮政编码	100011	
电　　话	010 – 64267325　010 – 64245264（兼传真）	
网　　址	www. xdcbs. com	
电子信箱	xiandai@ cnpitc. com. cn	
印　　刷	唐山富达印务有限公司	
开　　本	710mm×1000mm　1/16	
印　　张	12	
版　　次	2013 年 1 月第 1 版　2024 年 12 月第 4 次印刷	
书　　号	ISBN 978 - 7 - 5143 - 0973 - 7	
定　　价	57.00 元	

前　言

　　自然界是多姿多彩、无限多样的。对很多人而言，研究自然界的化学就像一团迷雾，它充满魔幻与神秘、激情与梦想、复杂与变化。自古以来，人类就一直在研究化学。古希腊人亚里士多德是第一位尝试解释世界物质构成的科学先驱。他认为，地球上的物质都是由4种基本物质构成的：土、水、空气和火。今天我们认识到，世界上存在着112种不同的元素，正是这些构成了我们的宇宙，其中包含了行星和恒星，当然也有我们的地球。21世纪将是科学技术继续飞速发展和知识经济全球化的世纪。作为高新科技基础和前沿的信息技术、生命科学和基因工程等将有新的突破和发展。

　　化学是重要的基础科学之一，它与物理学、生物学、地理学、天文学等学科相互渗透，因而很复杂，也充满变幻。很多青少年一看到课本就头疼，一拿到试卷就心烦，认为化学是抽象的，也是枯燥无味的。喜欢化学，爱上化学，才能学好化学。让每一个青少年朋友学好化学，是本书出版的最主要目的。那么怎样才能把枯燥变得生动有趣呢？

　　本书力求深入浅出，以科普形式贯穿始终，并从化学中的神秘气体、稀有金属家族之谜、工业中的化学奇观、生物界的化学谜团、神奇的化学实验、生活中的化学现象、化学世界中的"百慕大"7个方面介绍化学知识，有助于青少年朋友解开许多谜团，开阔视野，打开智慧之门。

　　本书以休闲的笔调、有趣的故事、实用的内容，取代课本书籍的生硬刻板，让读者在轻松愉悦的阅读中，畅游于化学知识的海洋。

目 录

RENLEI ZAI HUAXUE SHANG DE TANZHI

化学中的神秘气体

我们居住的地球被厚厚的大气层包围着，空气是地球生物赖以生存的物质基础之一。正常的空气成分按体积分数计算是：氮（N_2）占78.08%，氧（O_2）占20.95%，惰性气体（稀有气体）：氦（He）、氖、氩、氪、氙等占0.93%，二氧化碳（CO_2）占0.03%，还有臭氧、一氧化氮、二氧化氮以及水蒸气和其他气体与杂质约占0.01%。

在远古时代，空气曾被人们认为是简单的物质，直到1669年，科学家根据蜡烛燃烧的实验，推断空气的组成是复杂的。随着一种又一种的气体被相继发现，人们开始认识到空气并不是那么简单。

小白鼠与氧气的发现

1774年8月1日，英国化学家普利斯特列同往常一样，在自己的实验室里工作着。前几天，他发现有一种红色粉末状物质，用透镜将太阳光集中照射在它上面，红色粉末被阳光稍稍加热后就会生成银白色的汞，同时还有气体放出。汞是普利斯特列早已熟悉的物质，可那气体是什么呢？今天他想仔细研究一下。

1

小白鼠

普利斯特列准备了一个大水槽，用排水法收集了几瓶气体。

这气体会像二氧化碳那样扑灭火焰吗？普利斯特列将一根燃烧的木柴棒丢进一只集气瓶。啊，木柴棒不但没有熄灭，反而烧得更猛，并发出耀眼的光亮。看到眼前的景象，普利斯特列兴奋起来，他又将两只小白鼠放进一只集气瓶中，并加上盖子。过去普利斯特列也曾做过类似的实验，在普通空气的瓶子里，小白鼠只能存活一会儿，然后慢慢死去；在二氧化碳气的瓶中，小白鼠挣扎一阵，很快就死了。可是今天，两只小白鼠在瓶中活蹦乱跳，显得挺自在、挺惬意的！

这一定是一种维持生命的物质！是一种新的气体。

"现在只有这两只老鼠和我，有享受这种气体的权利。"普利斯特列显然被激动了，他立刻亲自试吸了一口这种气体，感到一种从未有过的轻快和舒畅。普利斯特列在实验记录中诙谐地写道："有谁能说这种气体将来不会变成时髦的奢侈品呢？不过，现在只有两只老鼠和我，才有享受这种气体的权利哩！"

这是普利斯特列一生中最重要的发现之一，他用的那种红色粉末是氧化汞，用透镜聚集的太阳光加热（不是燃烧），

普利斯特列

氧化汞被还原为汞，同时释放出氧气。这就是说，普利斯特列通过实验发现了氧气。

可惜普利斯特列当时是化学界中的"燃素说"学派，这种学派认为物

体燃烧是由于其中的燃素被释放出来的结果。当他看到这种新气体表现出能积极帮助木柴燃烧的特性，认为这必定是一种缺乏"燃素"而急切地希望从燃烧的木柴中获得燃素的气体，所以他给这种气体命名为"脱燃素空气"。1774 年 10 月，普利斯特列来到巴黎，会见了法国著名的化学家拉瓦锡，并且向拉瓦锡介绍了他新发现的"脱燃素空气"拉瓦锡不相信这种解释，他重复了普利斯特列的实验，也获得了这种新气体，然而他认为这是一种能帮助燃烧的气体，1779 年，拉瓦锡在推翻"燃素说"的同时，给这种被定名为"脱燃素空气"的气体重新定名为"氧"。水和空气中都含有大量的氧，氧是生命不可缺少的元素。这就是氧气被发现和被认识的故事。

氧气是这样的重要，可是它却是看不见摸不着的物质，所以发现氧和研究氧是件了不起的大事。不过，还应该说明的是，发现氧气的人，除了普利斯特列外，还有一位科学家舍勒。舍勒在 1773 年就发现了氧气，他根据氧气能帮助燃烧的性质，给新气体取名"火气"。可惜，他的研究著作《火与空气》在出版付印时，被拖延了 3 年，直到 1777 年才与读者见面，而这时普利斯特列的发现已为世人皆知了。所幸的是，科学界认为舍勒也是氧气的独立发现人之一。

人们一般公认发现氧的荣誉属于普利斯特列，1874 年 8 月 1 日，在发现氧气 100 周年纪念日的那天，成千上万的人聚集在英国伯明翰城，为普利斯特列的铜像举行揭幕典礼；在普利斯特列的诞生地和墓碑前，也有许多科学家和群众前去参观、瞻仰；为纪念氧的发现，美国化学学会还选定在这一天正式成立。

葡萄酒

知识点

元　素

元素又称化学元素，指自然界中存在的 100 多种基本的金属和非金属物质，同种元素只由一种或一种以上有共同特点的原子组成，组成同种元素的几种原子中每种原子的每个原子核内具有同样数量的质子，质子数决定元素的种类。

延伸阅读

溶　解　氧

空气中的氧溶解在水中标为溶解氧。水中的溶解氧的含量与空气中氧的分压、水的温度都有密切关系。在自然情况下，空气中的含氧量变动不大，故水温是主要的因素，水温愈低，水中溶解氧的含量愈高。

溶解氧是指溶解在水里氧的量，通常记作 DO，用每升水里氧气的毫克数表示。水中溶解氧的多少是衡量水体自净能力的一个指标。它跟空气里氧的分压、大气压、水温和水质有密切的关系。在 20℃、100kPa 下，纯水里大约溶解氧 9mg/L。有些有机化合物在喜氧菌作用下发生生物降解，要消耗水里的溶解氧。如果有机物以碳来计算，根据 $C + O_2 = CO_2$ 可知，每 12g 碳要消耗 32g 氧气。当水中的溶解氧值降到 5mg/L 时，一些鱼类的呼吸就发生困难。水里的溶解氧由于空气里氧气的溶入及绿色水生植物的光合作用会不断得到补充。但当水体受到有机物污染，耗氧严重，溶解氧得不到及时补充，水体中的厌氧菌就会很快繁殖，有机物因腐败而使水体变黑、发臭。

溶解氧值是研究水自净能力的一种依据。水里的溶解氧被消耗，要恢复到初始状态，所需时间短，说明该水体的自净能力强，或者说水体污染不严重。否则说明水体污染严重，自净能力弱，甚至失去自净能力。

"错误之柜"揭开溴气之谜

溴是一种有窒息性恶臭的气体，有毒。它被用来制作溴化物、氢溴酸以及某些有镇静功能的药剂和染料等。

1826 年的一天，德国化学家李比希在翻阅一本科学杂志时，被一篇题为《海藻中的新元素》的论文吸引住了。论文的作者是一个陌生的名字，叫巴拉尔，23 岁，法国人。文中写道：他在用海藻液做提取碘的实验时，发现在析出的碘的海藻液中，沉积着一层暗红色的液体。经过研究，它是一种新元素，这元素有一股刺鼻的臭味，所以给它取名溴。李比希一连看了几遍，突然快步走向药品柜，从架子上找到一个贴有"氯化碘"标签的瓶子。李比希擦去瓶子上的灰尘，摇了摇里边装着的暗红色液体，又打开瓶盖用鼻子嗅，果然有一股冲鼻的臭味。

原来，几年前，李比希在做制取碘的实验时，按步骤向海藻液中通入氯气，以便置换出其中的碘来。他在得到紫色的碘时，还看到了沉在碘下面的暗红色液体。当时，李比希并没有多想，他甚至主观地认为：既然这暗红色液体是通入氯气后生成的，那么它一定是氯化碘了。他在装着这种暗红色液体的瓶子外边贴了一张"氯化碘"的标签，就将它搁置在一旁了。

此刻，李比希感到懊悔不已。假如当时自己稍微认真一点，那溴的发现就该属于自己、属于德国！然而，机会全叫自己错过了。李比希深深地谴责着自己。为了汲取这次教训，他把那只贴着"氯化碘"标签的瓶子，小心地放进一个柜子里。这个柜子，李比希给它取名叫"错误之柜"，里边集中了他在工作中的失败和教训。李比希时常打开这"错误之柜"看看，用来警戒自己。

后来，李比希取得了许多成就，成为德国著名的化学家。他在自传中曾专门谈到这件事，他写道："从那以后，除非有非常可靠的实验作根据，我再也不凭空地制造理论了。"

巴拉尔的论文发表后，引起震动的还有另一位德国化学家，他叫洛威。洛威得到暗红色液体也在巴拉尔之前，可惜，他也没有做进一步的研究，也错过了发现的机会。

溴的发现告诉我们，科学是不讲情面的，成功只属于那些对新事物充满敏感，而在工作中又踏踏实实、锲而不舍的人。

海 藻

海藻是生长在海中的藻类，是植物界的隐花植物，藻类包括数种不同类以光合作用产生能量的生物。它们一般被认为是简单的植物，主要特征为：无维管束组织，没有真正根、茎、叶的分化现象；不开花，无果实和种子；生殖器官无特化的保护组织，常直接由单一细胞产生孢子或配子；以及无胚胎的形成。由于藻类的结构简单，所以有的植物学家将它跟菌类同归于低等植物的"叶状体植物群"。

海洋元素——溴

溴被称为"海洋元素"。海水中有大量的溴，除此之外，盐湖和一些矿泉水中也有溴。由于其单质活泼的性质，在自然界中很难找到单质溴。最常见的形式是溴化物和溴酸盐。海藻等水生植物中也有溴的存在，最早溴的发现就是从海藻的浸取液中得到的。现在当然不是用烧海带的办法得到溴了。向海水中通氯气，是比较通用的得到溴和碘的工业途径。

也许有人会觉得溴这个元素离我们的生活很远，只能在实验室里看到它和它的化合物。的确，溴不像氧那样与我们的生命有密切关系，也不像金子那样被人们所推崇和追逐，更不像铁、铝那样与我们的生活息息相关。但其实溴的化合物用途也是十分广泛的，溴化银被用作照相中的感光剂。当你"咔嚓"一声按下快门的时候，相片上的部分溴化银就分解出银，从而得到我们所说的底片。溴化锂制冷技术则是最近广为使用的一项环保的空调制冷技术，其特点是不会有氟利昂带来的污染，所以很有发展前景。溴在有机合成中也是很有用的一种元素。在高中的时候我们很多人就做过乙烯使溴水褪色的实验，这实际上就代表了一类重要的反应。在制药方面，有很多药里面也是有溴的。灭火器中也有溴，我们平时看到的诸如"1211"灭火器，就是分子里面有一个溴原子的多卤代烷烃，不仅能扑灭普通火险，在泡沫灭火器无法发挥作用的时候，例如油火，它也能扑灭。

现在医院里普遍使用的镇静剂，有一类就是用溴的化合物制成的，如溴化钾、溴化钠、溴化铵等，通常用以配成"三溴片"，可治疗神经衰弱和歇斯底里症。大家熟悉的红药水，也是溴与汞的化合物。此外，青霉素等抗生素生产也需要溴，溴还是制造农业杀虫剂的原料。

溴可以用来制作防爆剂。把溴的一种化合物与铅的一种有机化合物同时掺入汽油中，可以有效地防止发动机爆燃。只不过这种含铅汽油燃烧会造成空气污染，目前，在我国许多大城市已不再允许销售、使用掺加这种防爆剂的汽油。溴化银是一种重要的感光材料，被用于制作胶卷和相纸等。我国近年已制造出了溴钨灯，成为取代碘钨灯的新光源。

溴在地壳中含量只有0.001%，而且没有集中形成矿层，无法开采；而海洋中溴的浓度虽然仅有0.006 7%，但它的储量却占地球上溴的总储量的99%，这样，人们所需求的溴就只能取自海洋了，这也是溴被称为"海洋元素"的原因所在。溴在海洋中，大多是以可溶的化合物形式如溴化钠、溴化钾等而存在。

"懒惰"的气体——氩

氩是一种化学性质非常不活泼的惰性气体，常用来充填在电灯泡和日光灯管中，以延长其使用寿命。在航空、原子能和火箭工业中所使用的铝、镁、铍、锆、钛、钨以及高强度合金钢的焊接、切割和冶炼，常须在氩气的保护下进行。氩的发现也一样经历了曲折离奇的过程。

1892年9月，在英国的著名科学期刊《自然》杂志上，刊登着这样一封读者来信："不久前，我制取了两份氮气，一份来自空气，一份来自含氮的化合物。奇怪的是，它们的密度值却不相同，大约每升相差5‰克。空气中的氮重些，虽经多次测定，仍消除不了这个差值。如果读者中有谁能指出其中的原因，我将十分感谢。"

　　写信的人名叫瑞利，是英国物理学家和化学家，英国剑桥大学卡文迪许实验室的主任。近十几年来，他一直在从事各种气体密度的精确测定，也就是，测量出它们在不同温度下，质量与体积的比值。实验本来进展得很顺利，可是不久前，当瑞利对氮气的密度进行测定时，却出了件怪事。情况是这样的：为了提高实验的准确度，他制取了两份氮气，一份是从空气中直接得到的，另一份是通过分解含氮的化合物——氨制取的。瑞利想，假如用两份氮气测出的密度值相同，就说明自己的实验准确无误，在测定其他气体的密度时他也是这么做的。谁知结果出乎意料，取自空气的那份氮气，每升重1.256克；而分解氨得到的氮气，每升是1.251克，它们在小数点后第3位数字上出现了差异。瑞利反复检查自己的仪器，把实验重复了一遍又一遍，还改用其他的含氮化合物制取氮气，结果依然如前。瑞利无法解释这个现象，于是写了前面那封信，以寻求帮助。

瑞利勋爵

　　可是，信刊出后，却如石沉大海。不过瑞利并没有因此放弃自己的研究，他又花了两年的时间和精力，继续测定氮气的密度。最后终于得出结论：凡是从化合物分解出的氮气，总比从空气中分离出的氮气轻那么一小点儿。他就此又写了一份科学报告，并于1894年4月19日在英国皇家学会上宣读。

　　这次不错，立即便有了回音。伦敦大学的拉姆齐教授找到他，对瑞利说："两年前，我就在《自然》杂志上看到了您的信，不过当时我弄不清楚是怎么回事。这次听了您宣读的论文报告后，我突然想到是不是可以做这样的推测，从空气中得到的氮气里，含有一种较重的杂质，它可能是一种未知的气体。如果您不反对的话，我想接着您的实验继续研究。"

　　拉姆齐的话使瑞利感到茅塞顿开，并欣然同意与拉姆齐共同研究这一课题。在会上，英国皇家研究院的化学教授杜瓦也向瑞利提供了一条重要线索。他建议瑞利查阅一下卡文迪许实验室的资料档案，据杜瓦所知，实验室的创始人、著名科学家卡文迪许也曾做过类似实验。

这两件事真让瑞利高兴，现在他和拉姆齐决心共同解开这个氮气重量之谜。

经过 4 个月的努力，1894 年 8 月，他们终于弄清楚，那从空气中提取的氮气之所以密度稍稍大一点，是因为其中含有密度比氮稍大的新发现的气体，它就是惰性元素氩。

英国物理学家汤姆逊有句名言："一切科学上的重大发现，几乎完全来自精确的量度。"的确，如果没有瑞利和拉姆齐起初对两份氮气微小重量差别的注意和研究，怎么会有后来的重大发现呢？

知识点

氨

氨或称"氨气"，分子式为 NH_3，是一种无色气体，有强烈的刺激气味。极易溶于水，常温常压下 1 体积水可溶解 700 倍体积氨。氨对地球上的生物相当重要，它是所有食物和肥料的重要成分。氨也是许多药物直接或间接的组成。氨有很广泛的用途，同时它还具有腐蚀性等危险性质。由于氨有广泛的用途，氨是世界上产量最多的无机化合物之一，多于八成的氨被用于制造化肥。由于氨可以提供孤对电子，所以它也是一种路易斯碱。

延伸阅读

氩弧焊

氩弧焊又称氩气体保护焊。就是在电弧焊的周围通上氩弧保护性气体，将空气隔离在焊区之外，防止焊区的氧化。

氩弧焊技术是在普通电弧焊的原理的基础上，利用氩气对金属焊材的保护，通过高电流使焊材在被焊基材上融化成液态形成熔池，使被焊金属和焊材达到冶金结合的一种焊接技术，由于在高温熔融焊接中不断送上氩气，使焊材不能和空气中的氧气接触，从而防止了焊材的氧化，因此可用于焊接铜、铝、合金钢等有色金属。

氩弧焊优点

氩弧焊之所以能获得如此广泛的应用，主要是因为有如下优点。

1. 氩气保护可隔绝空气中氧气、氮气、氢气等对电弧和熔池产生的不良影响，减少合金元素的烧损，以得到致密、无飞溅、质量高的焊接接头；

2. 氩弧焊的电弧燃烧稳定，热量集中，弧柱温度高，焊接生产效率高，热影响区窄，所焊的焊件应力、变形、裂纹倾向小；

3. 氩弧焊为明弧施焊，操作、观察方便；

4. 电极损耗小，弧长容易保持，焊接时无熔剂、涂药层，所以容易实现机械化和自动化；

5. 氩弧焊几乎能焊接所有金属，特别是一些难熔金属、易氧化金属，如镁、钛、钼、锆、铝等及其合金；

6. 受焊件位置限制，可进行全位置焊接。

氩弧焊的有害因素

氩弧焊影响人体的有害因素有3方面：

1. 放射性。钍钨极中的钍是放射性元素，但钨极氩弧焊时钍钨极的放射剂量很小，在允许范围之内，危害不大。如果放射性气体或微粒进入人体形成内放射源，则会严重影响身体健康。

2. 高频电磁场。采用高频引弧时，产生的高频电磁场强度在 $60 \sim 110V/m$ 之间，超过参考卫生标准（$20V/m$）数倍。但由于时间很短，对人体影响不大。如果频繁起弧，或者把高频振荡器作为稳弧装置在焊接过程中持续使用，则高频电磁场可成为有害因素之一。

3. 有害气体——臭氧和氮氧化物。氩弧焊时，弧柱温度高。紫外线辐射强度远大于一般电弧焊，因此在焊接过程中会产生大量的臭氧和氮氧化物；尤其臭氧其浓度远远超出参考卫生标准。如不采取有效通风措施，这些气体对人体健康影响很大，是氩弧焊最主要的有害因素。

"活泼好动"的气体——氟

氟是卤素在化合物中显 -1 价的非金属元素，通常情况下氟气是一种浅黄绿色的、有强烈助燃性的、刺激性毒气，是已知的最强的氧化剂之一，元素符号 F。氟气为苍黄色气体，密度 1.696 克/升。

在非金属元素中，氟最活泼，因此被大量用来氟化有机化合物。例如，用氟代替氯，可制得氟利昂，它是一种制冷剂，冰箱中曾都用它制冷，但由于它能破坏臭氧层，目前已被其他制冷剂取代；聚四氟乙烯还是"塑料王"，耐腐蚀、耐高温、耐低温。有趣的是，氟和氟化物都有毒性，但在饮水中加入微量无机氟化物，却可防治龋齿；加入微量氟化物的牙膏，也是一种防治牙病的药物牙膏。

由于氟是地球上所有元素中最活泼好动的，它能与几乎所有的物质化合，许多金属，甚至黄金都能在氟气中燃烧！氟若是遇到氢气，会立刻发生猛烈爆炸生成氟化氢。氟与氟化氢都是剧毒气体，因此要制取氟，是一件十分困难和危险的工作。

其实，关于氟的存在，人们很早就知道了，因为氟很活跃，处处可见它的踪迹。与氟打过交道的科学家也不少，然而就是捉不住它。

英国化学家戴维、法国化学家盖·吕萨克和泰纳尔都曾致力于分离氟的工作，但他们在吸入少量氟化氢气体后，都感受到很大的痛苦，只好放弃了研究。

英国皇家科学院院士诺克斯两兄弟在分离氟时，一个中毒死亡，另一个休养了 3 年才恢复健康。

比利时科学家鲁耶特和法国科学家尼克雷，都因为长期从事分离氟的实验，被氟夺去了宝贵的生命。制取氟实在是太困难、太危险了！然而，在这条艰难的道路上，一些不怕危险的人仍在勇敢地摸索前进。年轻的法国科学家穆瓦桑就是其中的一位。

穆瓦桑在仔细研究了前辈们的实验后，认为：用电解氢氟酸的办法来制取氟是不妥的，因为氢氟酸很稳定，难以分解，应当改用其他物质做实验。可是，穆瓦桑换了好几种化合物，都失败了。实验中，他还多次中毒，险些送了性命。

不过这一切都没有动摇穆瓦桑制取氟的决心。1886 年 6 月 26 日，穆瓦桑将氟化钾溶解在无水氢氟酸中，进行电解，在电解槽的阳极上，终于得到了纯净的氟气。穆瓦桑的成功在科学界引起了轰动，因为许多化学家为之奋斗了 70 多年，现在几代化学家的愿望终于实现了！穆瓦桑为此获1906 年诺贝尔化学奖。直到今天，工业上制取氟基本上还是采用穆瓦桑的方法。

氟的制取成功告诉我们，科学的道路是崎岖不平的，只有那些不惧艰险的人，才有希望攀上顶峰。飞机的发明人威尔伯·莱特讲得好："如果你想绝对安全，那就坐在墙头上看鸟飞好了。"马克思也说过："在科学的入口处，正像在地狱的入口处一样，必须提出这样的要求：'这里必须根绝一切犹豫；这里任何怯懦都无济于事。'"的确，科学的发展不仅要同腐朽事物、传统观念、宗教势力作斗争，而且科学研究本身，也往往需要付出高昂的代价，甚至流血和牺牲。元素氟的发现，就是一部科学家献身的历史。

的确，如果没有一些科学勇士们，我们只能永远看鸟飞了，还谈什么飞机、火箭、航天器？谈什么探索宇宙的奥秘呢？

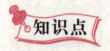

知识点

燃　烧

燃烧一般性化学定义：燃烧是可燃物跟助燃物（氧化剂）发生的剧烈的一种发光、发热的氧化反应。

燃烧的广义定义：燃烧是指任何发光发热的剧烈的反应，不一定要有氧气参加，比如金属钠（Na）和氯气（Cl_2）反应生成氯化钠（NaCl），该反应没有氧气参加，却是剧烈的发光发热的化学反应，同样属于燃烧范畴。同时也不一定是化学反应，比如核燃料燃烧。

氟与健康

氟是人体内重要的微量元素之一，氟化物是以氟离子的形式，广泛分布于自然界。骨和牙齿中含有人体内氟的大部分，氟化物与人体生命活动及牙齿、骨骼组织代谢密切相关。氟是牙齿及骨骼不可缺少的成分，少量氟可以促进牙齿珐琅质对细菌酸性腐蚀的抵抗力，防止龋齿，因此水处理厂一般都会在自来水、饮用水中添加少量的氟。据统计，氟摄取量高的地区，老年人罹患骨质疏松症的比率以及龋齿的发生率都会降低。曾有长期饮用加氟水会致癌的说法，目前这种说法已被美国国家癌症协会否定了，所以大家尽可以放心。

然而，为了防治龋齿，氟化物开始出现在饮用水、牙膏及各种食品饮料中。让科学家始料不及的是，氟很快表现出了两面性：龋齿患者越来越少，氟斑牙患者却越来越多。氟化物对人体还有哪些影响，成了科学家必须面对的新问题。

氟斑牙只是氟化物对人们的一次警告，更可怕的是，长期摄入高剂量的氟化物，可能导致癌症、神经疾病以及内分泌系统功能失常！

因此，专家提醒使用含氟牙膏的量一定要小，一般每次不超过 1 克，牙膏占到牙刷头的 1/5 ~ 1/4 就可以了，无须挤满牙刷头。由于儿童使用牙刷还不熟练，有可能误食含氟牙膏，危害身体健康，因此专家建议儿童不要使用含氟牙膏。

多年来全民使用高氟牙膏，几乎所有的牙膏都把含氟当成了牙膏的卖点，宣传含氟牙膏会增加牙齿的硬度，防止龋齿。这是严重错误的。比如东北、内蒙、宁夏、陕西、山西、甘肃、河北、山东、贵州、福建等，都是高氟地区，这样的地区不适宜使用含氟牙膏。

"霹雳"气体——臭氧

臭氧是氧的同素异形体，在常温下，它是一种有特殊臭味的蓝色气体。臭氧主要存在于距地球表面 20 千米的同温层下部的臭氧层中。臭氧是一种氧化剂，有强烈的杀菌作用，常用来消毒饮用水和净化空气。臭氧还存在于地球的上空，能吸收太阳辐射的短波射线，保护地球上的生命不受危害。

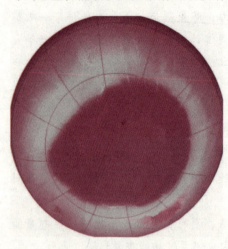

臭氧层空洞

打雷闪电时，空气中的氧气受到放电的作用以后，有一部分转变为臭氧；电解水时，阳极上生成的氧气，受到电流的作用，也有一部分转变为臭氧，这就是舍恩拜因闻到的"霹雳的气味"。少量的臭氧能使空气清爽，雷雨之后空气格外新鲜，就是这个道理。

1840 年的一天，德国化学家舍恩拜因走进自己的实验室，准备开始工作。这时，他忽然闻到一股气味。啊，多么熟悉的气味！舍恩拜因立刻被带进了童年的回忆。那时候，舍恩拜因还是一个勇敢而又顽皮的孩子。一次，他在离家挺远的野地里，同几个小伙伴玩捉迷藏。他们正玩得高兴，突然天气骤变，翻滚的黑云压了上来，天空闪过几道亮光，跟着雷声大作，"轰隆隆、轰隆隆"，怪吓人的。直到暴雨如瓢泼般倾泻下来时，惊恐的孩子们才明白过来，他们赶紧跑到附近的一个草棚去躲雨。雷声越来越响，闪电像银蛇般在空中舞动，忽然，"轰"的一声巨响，远处一座高大的教堂被雷电击倒了。孩子们忘记了害怕，他们冲出草棚，拔腿朝教堂跑去。教堂里烟雾弥漫，到处是瓦砾和砖块，空气中还有一股刺鼻的臭味。大人们都惶恐地说："啊！这是魔鬼进到教堂里了。"

可是，舍恩拜因却不相信，因为他早就注意到，每次雷鸣电闪之后，都能闻到这种味儿。舍恩拜因还给它取了个名字，叫"霹雳的气味"。只是，今天教堂里的气味，比平时闻到的要浓烈得多。

时间虽然已经过去 28 年了，可那种特殊的气味舍恩拜因却忘不掉。今天，他刚进实验室，就又闻到了"霹雳的气味"。出于童年时代的好奇心和一个化学家的敏感，舍恩拜因感到必须尽快搞清这气味的来龙去脉。

毫无疑问，产生这气味的物质肯定就在实验室里。舍恩拜因赶紧关闭了门窗，开始一处一处地搜寻起来。很快他便发现，那"霹雳的气味"是从电解水的水槽中散发出来的。

舍恩拜因想：水是由氢、氧两种元素组成的，电解水时，会产生氢气和氧气。可是氢气和氧气是没有气味的，现在却出现一种奇怪的气味，那么，难道电解水时，同时还生成了其他的物质吗？一定要搞清楚。舍恩拜因开始了研究，在经过反复实验后，果然收集到一种新气体。这种气体的分子是由 3 个氧原子组成的，比普通氧气分子多 1 个氧原子。因为它有一种特殊的臭味，舍恩拜因称之为"臭氧"。

知识点

氧化剂

氧化剂是氧化还原反应里得到电子或有电子对偏向的物质，也即由高价变到低价的物质。氧化剂从还原剂处得到电子自身被还原变成还原产物。氧化剂和还原剂是相互依存的。

氧化剂在反应里表现氧化性。氧化能力强弱是氧化剂得电子能力的强弱，不是得电子数目的多少，如浓硝酸的氧化能力比稀硝酸强，得到电子的数目却比稀盐酸少。含有容易得到电子的元素的物质常用作氧化剂，在分析具体反应时，常用元素化合价的升降进行判断：所含元素化合价降低的物质为氧化剂。

延伸阅读

臭氧和臭氧层

臭氧是氧元素的同素异形体，它的化学性质十分活泼，很容易跟其他物质发生化学反应。自然界中的臭氧，大多分布在距地面 20 ~ 50 千米的大气中，我们称之为臭氧层。臭氧层中的臭氧主要是紫外线制造出来的。大家知道，太阳光线中的紫外线分为长波和短波两种，当大气中（含有 21%）的氧气分子受到短波紫外线照射时，氧分子会分解成原子状态。氧原子的不稳定性极强，极易与其他物质发生反应。如与氢（H_2）反应生成水（H_2O），与碳（C）反应生成二氧化碳（CO_2）。同样的，与氧分子（O_2）反应时，就形成了臭氧（O_3）。臭氧形成后，由于其密度大于氧气，会逐渐地向臭氧层的底层降落，在降落过程中随着温度的变化（上升），臭氧不稳定性愈趋明显，再受到长波紫外线的照射，再度还原为氧。臭氧层就是保持了这种氧气与臭氧相互转换的动态平衡。

实际上，在臭氧层内，臭氧的形成是众多物质参与，一系列化学反应达到化学平衡的结果。臭氧在遇到 H、OH、NO、Cl、Br 时，就会被催化，加速分解为 O_2。氯氟烃之所以被认为是破坏臭氧层的物质就是因为它们在在太阳辐射下分解出 Cl 和 Br 原子。

1984 年，英国科学家首次发现南极上空出现臭氧洞。1985 年，美国的"雨云 –7 号"气象卫星测到了这个臭氧洞。

1985 年，英国科学家法尔曼等人在南极哈雷湾观测站发现：在过去 10 ~ 15 年间，每到春天南极上空的臭氧浓度就会减少约 30%，有近 95% 的臭氧被破坏。从地面上观测，高空的臭氧层已极其稀薄，与周围相比像是形成一个"洞"，直径达上千千米，"臭氧洞"由此而得名。卫星观测表明，此洞覆盖面积有时比美国的国土面积还要大。到 1998 年臭氧空洞面积比 1997 年增大约 15%，几乎相当于 3 个澳大利亚大。前不久，日本环境厅发表的一项报告称，1998 年南极上空臭氧空洞面积已达到历史最高纪录，为 2 720 万平方千米，比南极大陆还大约 1 倍。

美、日、英、俄等国家联合观测发现，近年来，北极上空臭氧层也减少了 20%。在被称为是世界上"第三极"的青藏高原，中国大气物理及气象学者的观测也发现，青藏高原上空的臭氧正在以每 10 年 2.7% 的速度减少。根据全球总臭氧观测的结果表明，除赤道外，1978—1991 年总臭氧每 10 年间就减少 1% ~ 5%。

臭氧层耗竭，会使太阳光中的紫外线大量辐射到地面。紫外线辐射增强，对人类及其生存的环境会造成极为不利的后果。有人估计，如果臭氧层中臭氧含量减少 10%，地面不同地区的紫外线辐射将增加 19% ~22%，由此皮肤癌发病率将增加 15% ~25%。另据美国环境局估计，大气层中臭氧含量每减少 1%，皮肤癌患者就会增加 10 万人，患白内障和呼吸道疾病的人也将增多。系外线辐射增强，对其他生物产生的影响和危害也令人不安。有人认为，臭氧层被破坏，将打乱生态系统中复杂的食物链，导致一些主要生物物种灭绝。臭氧层的破坏，将使地球上 2/3 的农作物减产，导致粮食危机。紫外线辐射增强，还会导致全球气候变暖。

■■■ "捉氨" 之谜

　　氨（NH_3），又名阿莫尼亚，它是一种无色而有独特刺激性臭味又极易溶解于水的气体。它广泛存在于人畜的排泄物中，并在人畜的粪尿或尸体腐烂时产生出来。所以我们可以这样说，自从有了人本身的那一天起，人们就感到了氨的存在——有时甚至还被它呛得睁不开眼！然而，人类真正把它作为一种气体物质，发现它、"捉"住它、研究它，还是近 300 年的事。

　　据有关化学史料记载，早在 17 世纪初，氨这种气体就被布鲁塞尔的医生、二氧化碳的发现人海尔蒙德发现了。后来，德国著名的化学家格劳贝尔又在 17 世纪中叶用人尿与石灰共热的方法制出了它。稍后，德国另一位化学家孔克尔发现，在动物残骸腐烂时，能产生一种看不到却很呛人的气体。但他仅仅记下了这一发现的经过。

　　在孔克尔这一发现之后的大约 10 年里，又有一个名叫 S·赫尔斯的化学家发现，将石灰和卤砂（NH_4Cl）混和放入曲颈甑内加热，并将曲颈甑管插入水中，可以见到水槽中的水被曲颈甑倒吸入甑中的现

石　灰

象。这说明他在那时就已发明了我们今天的实验室制氨法。但是，由于他并

不知道氨是一种极易溶于水的气体，所以尽管他已经看到了水被倒吸的现象，仍然认为"好像什么事情都没有发生"，就这样，他错过了一次千载难逢的成功机会。

又过了将近50年，捕捉氨的"接力棒"落到了英国化学家普利斯特列的手里。这位气体大王再次重复了赫尔斯用石灰和卤砂混和加热制氨的方法，但在收集氨气时，他巧妙地避开了水而使用了他自己常用的"排汞集气法"。由于氨是不溶于汞（水银）的，所以它终于被普利斯特列收到了瓶子里，并初步测定了它的组成。普利斯特列制得了纯氨，检验了氨的性质，还给它取名为"碱性空气"。今天看来，这个名字起得可能不甚合理，但在当时，由于人们刚刚开始研究空气，而且那时的"空气"概念与我们今天的"气体"含义接近，所以，为氨起这样一个突出其碱性的名字，的确已经很了不起了。与此同时，氨的碱性也为其他国家化学家所认识，并进而把氨叫做"挥发性碱性盐"等。

1780年前后，法国化学家贝托雷进一步测定了氨的组成，把其中氮、氢元素质量比精确到80%：20%，并再次叫它"挥发性碱"，阿莫尼亚的名字也是从那时开始流传下来的。

从那以后的200年里，人们不断地研究它、认识它，它的用途也随之得到开拓和发展，如今，制氨工业已经成为当今世界基本化学工业之一。无论学过化学还是没有学过化学的人无不晓得氨或阿莫尼亚的大名！

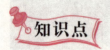

知识点

汞

汞，元素符号Hg，俗称"水银"，是一种有毒的银白色一价和二价重金属元素，它是常温下唯一的液态金属，游离存在于自然界并存在于辰砂、甘汞及其他几种矿中。常常用焙烧辰砂和冷凝汞蒸气的方法制取汞，它主要用于科学仪器（电学仪器、控制设备、温度计、气压计）及汞锅炉、汞泵及汞气灯中。

延伸阅读

全球水银污染严重危害人类健康

据太空新闻网生活频道最新消息，科学家们最近研究发现水银污染正在威胁着全世界人民的健康。水银污染不仅对人类的健康有威胁，同时它还影响着鱼类和野生动物们的生存环境，极大地破坏和自然界的生态平衡。这些水银污染的主要来源是那些偏远地区的落后企业排污造成的。国际水银污染组织在最新发布的一份报告中称，目前，全球范围内的水银污染已经发展到了相当严重的程度，这必须引起我们足够的重视。

科学家们称，水银污染主要是来自那些原料为非天然原料的加工企业，它们的工艺落后而且不注意废品的排放是导致水银污染日益严重的最主要的原因。目前，全世界的水银污染已经足以对人类的生存构成威胁，特别是对妇女和儿童。

美国威斯康星州大学麦迪逊水生科学中心副主任詹姆斯·霍利（音）称，"国际水银污染组织的报告已经指出水银污染已经发展成了一个全球性的问题。这已经为我们敲响了警钟，必须引起我们足够的重视，解决这一问题已经是刻不容缓的事情，相关的国家和地区必须对各自的不符合标准的工厂予以治理，阻止情况的持续恶化。"

美国地质勘测局研究员大卫·卡波恩霍特（音）称，"水银污染的社会和经济危害比我们以前估计的要高，因为它存在的数量已经形成的大范围的污染，对我们的安全形成了威胁。国际水银污染组织的报告已经得到了国际上 37 名顶级科学家们的认可。目前科学家们正在对水银污染对人类造成的确切危害程度进行进一步的调查研究，并根据调查研究的结果制订出一个切实可行的治理方案提交给国际水银污染组织。"

能在二氧化碳中燃烧的物质

二氧化碳常作为灭火剂用，那么一切物质都不能在二氧化碳中燃烧吗？实际情况并不是这样，有些物质在二氧化碳中照样能够燃烧，关键在于要正确理解燃烧的概念和发生燃烧的条件。

消防用的泡沫灭火器中装有硫酸铝溶液和碳酸氢钠，当使用灭火器来灭火时，将灭火器倒转过来，硫酸铝溶液和碳酸氢钠相混合，反应产生大量的二氧化碳气体并同氢氧化铝形成泡沫喷射在已燃烧的物质上。因为二氧化碳比空气重，它与泡沫一起覆盖在燃烧物质表面使其隔绝空气起到灭火的效果。二氧化碳所以能灭火，其内因是由于二氧化碳与燃烧物质不能进行反应，从而达到灭火的目的。

二氧化碳能用来扑灭一切燃烧的火焰吗？不。因为二氧化碳中碳原子的化合价是 +4 价，为碳的最高化合价，它有可能得到电子变成 +2 价或 0 价。所以 +4 价的碳可以被还原，故二氧化碳是一种氧化剂。当它遇到强还原剂时也可以进行激烈的发光发热的氧化还原反应。例如，在盛满二氧化碳的烧杯里，放进点燃的镁带，可以观察到镁带在二氧化碳里继续燃烧。反应时，发出耀眼的白光，生成白色固态物质——氧化镁，同时在烧杯壁上附着黑色物质——碳。其反应方程式为：

$$2Mg + CO_2 \xrightarrow{\text{点燃}} 2MgO + C$$

在这个反应中，镁从 CO_2 中得到氧，使镁氧化，镁成为还原剂。而原跟氧化合成 CO_2 的碳从 +4 价变为 0 价，被还原成碳，所以我们说 CO_2 是氧化剂。除此以外，钾、钠、锌等活泼金属都能在二氧化碳中继续燃烧。

是不是能使二氧化碳的碳原子化合价降低的反应都叫燃烧呢？也不能这样说。例如，碳在高温下能与二氧化碳反应生成一氧化碳，其反应方程式为：

$$C + CO_2 \xrightarrow{\text{高温}} 2CO$$

这个反应不放热，也不发光，而是吸热，故不能叫燃烧反应。

综上所述，燃烧是发光发热的激烈的氧化还原反应。二氧化碳常作为灭火剂，但不是所有的物质都不能在二氧化碳里燃烧。

知识点

碳酸氢钠

碳酸氢钠俗称"小苏打"、"苏打粉"、"重曹"，白色细小晶体，在水中的溶解度小于碳酸钠。固体 50℃ 以上开始逐渐分解生成碳酸钠、二氧化碳和水，270℃ 时完全分解。碳酸氢钠是强碱与弱酸中和后生成的酸式盐，溶于水时呈现弱碱性。常利用此特性作为食品制作过程中的膨松剂。碳酸氢钠在作用后会残留碳酸钠，使用过多会使成品有碱味。

延伸阅读

空瓶生烟

预先准备好两个无色"空"广口瓶，瓶子大小一样，瓶口用塞子塞着。当着观众的面拔掉两个瓶口上的塞子，马上把一个瓶子倒过来，放到另一个瓶子的上面，瓶口对好。过了一会儿，就见在瓶子里出现了白色烟雾，白烟越来越多，迅速弥漫开来，情景颇为奇异。

为什么两个"空"瓶子上下叠置起来会发生自烟呢？原来，两个瓶子里并非真的"空空如也"。下面的瓶里预先滴进了几滴浓氨水，摇荡以后，氨水均匀地沾附在瓶壁上，使瓶子看起来像空的一样。上面的瓶子里滴进了几滴浓盐酸，也经过摇荡，盐酸也均匀地沾附在瓶壁上。

浓盐酸是挥发性的酸，可放出氯化氢气体；浓氨水中溶解的氨气，也容易挥发逸出。所以，当两瓶子去掉塞子，一上一下口对口地放在一起时，两种气体就会扩散开来。它们的分子碰到一起，就发生了化合反应，生成一种新的物质——氯化铵，反应中发生的白色烟雾就是氯化铵的非常细小的固体颗粒造成的。两瓶一上一下地放在一起时，必须使沾上盐酸的瓶子在上，沾上氨水的瓶子在下。这样，较重的氯化氢气体向下扩散，与氨气相遇，生成氯化铵。

不能用 CO_2、CCl_4 扑灭的火灾

中学课本涉及的液态 CO_2、CCl_4 这两种灭火剂，因其不含水分，不导电，不损坏物质、不留污迹等特点，很适于扑灭精密电器仪表、计算机电路、机动车辆内部、图书馆、档案馆等的火灾，是效率较高的灭火剂。但受其化学性质限制，下列火灾不能用其作灭火剂。

二氧化碳灭火器

一、碱金属锂、钠、钾的火灾

当 CO_2 与燃着的碱金属接触时，会发生剧烈的化学反应而加大火势。如 $2CO_2 + 4Na \xrightarrow{\text{高温}} 2Na_2CO_3 + C$（同时伴有 $2Na + CO_2 \xrightarrow{\triangle} 2Na_2O + C$　$2Na_2O + 2CO_2 \xrightarrow{} 2Na_2CO_3$　$Na + CO = Na_2O + C$ 等反应发生）。高温下碱金属能与 CCl_4 反应生成碳雾，使火焰继续燃烧。如：$4Na + CCl_4 = 4NaCl + C$。钠、钾的火灾可用碳酸钠、氯化钠、氮气或石墨扑灭（石墨灭火剂具有隔绝空气的效应，同时将热量由燃着的金属导走，是一种有效的灭火剂）。锂的燃烧如用碳酸钠、氯化钠扑灭时，能释放出金属钠，锂还可与氮气反应（钠、钾不反应）。故锂的火灾最好用氯化锂或石墨扑灭。干砂不宜用于扑灭碱金属的火灾，因为碱金属氧化物能与砂起反应，如：

$Li_2O + SiO_2 = Li_2SiO_3$。

用石墨作灭火剂时应注意，石墨在高温下可与金属形成碳化物。湿润时，碳化物能形成易燃的乙炔。

二、镁、铝、钛等金属的火灾

在高温下 CO_2、CCl_4 都能与上述金属发生剧烈反应生成碳雾而继续燃烧。这些金属燃烧生成的氧化物在高温下能与 CCl_4 反应。如：$2MgO + CCl_4 = 2MgCl_2 + CO_2$，上述金属的火灾可用石墨、氯化钠、惰性气体扑灭。

三、金属有机化合物的火灾

金属有机化合物也能与 CCl_4 反应。如 $CCl_4 + NaC_2H_5 \longrightarrow CH_3CH_2CCl_3 + NaCl$。反应的产物通常为易燃物质。故 CCl_4 不能用来扑灭这类火灾。CO_2 与金属有机化合物不起反应，故可用于窒息这类化合物的火灾。干砂、石墨、硅藻土等可用来扑灭大量金属有机化合物的火灾。

知识点

有机化合物

有机化合物主要由氧元素、氢元素、碳元素组成。有机物是生命产生的物质基础。脂肪、氨基酸、蛋白质、糖、血红素、叶绿素、酶、激素等。生物体内的新陈代谢和生物的遗传现象，都涉及到有机化合物的转变。此外，许多与人类生活有密切关系的物质，例如石油、天然气、棉花、染料、化纤、天然和合成药物等，均属有机化合物。

延伸阅读

灭火的基本措施

按照燃烧原理，一切灭火方法的原理是将灭火剂直接喷射到燃烧的物体上。或者将灭火剂喷洒在火源附近的物质上，使其不因火焰热辐射作用而形成新的火点。

冷却灭火法

这种灭火法的原理是将灭火剂直接喷射到燃烧的物体上，以降低燃烧的温度于燃点之下，使燃烧停止。或者将灭火剂喷洒在火源附近的物质上，使其不因火焰热辐射作用而形成新的火点。冷却灭火法是灭火的一种主要方法，常用水和二氧化碳作灭火剂冷却降温灭火。灭火剂在灭火过程中不参与燃烧过程中的化学反应。这种方法属于物理灭火方法。

隔离灭火法

隔离灭火法是将正在燃烧的物质和周围未燃烧的可燃物质隔离或移开，中断可燃物质的供给，使燃烧因缺少可燃物而停止。具体方法有：

1. 把火源附近的可燃、易燃、易爆和助燃物品搬走；

2. 关闭可燃气体、液体管道的阀门，以减少和阻止可燃物质进入燃烧区；

3. 设法阻拦流散的易燃、可燃液体；

4. 拆除与火源相毗连的易燃建筑物，形成防止火势蔓延的空间地带。

窒息灭火法

窒息灭火法是阻止空气流入燃烧区或用不燃物质冲淡空气，使燃烧物得不到足够的氧气而熄灭的灭火方法。具体方法是：

1. 用沙土、水泥、湿麻袋、湿棉被等不燃或难燃物质覆盖燃烧物；

2. 喷洒雾状水、干粉、泡沫等灭火剂覆盖燃烧物；

3. 用水蒸气或氮气、二氧化碳等惰性气体灌注发生火灾的容器、设备；

4. 密闭起火建筑、设备和孔洞；

5. 把不燃的气体或不燃液体（如二氧化碳、氮气、四氯化碳等）喷洒到燃烧物区域内或燃烧物上。

稀有金属家族之谜

　　稀有金属，通常指在自然界中含量较少或分布稀散的金属。稀有金属根据各种元素的物理和化学性质，赋存状态，生产工艺以及其他一些特征，一般从技术上分为以下5类：

　　稀有轻金属，包括锂Li、铷Rb、铯Cs、铍Be。

　　稀有难熔金属，包括钛、锆、铪、钒、铌、钽、钼、钨。

　　稀有分散金属，简称稀散金属，包括镓、铟、铊、锗、铼以及硒、碲。

　　稀有稀土金属，简称稀土金属，包括钪、钇及镧系元素。

　　稀有放射性金属，包括天然存在的钫、镭、钋和锕系金属中的锕、钍、镤、铀，以及人工制造的锝、钷、锕系其他元素和104至107号元素。

　　稀有金属难于从原料中提取，在工业上制备和应用较晚。但它们在现代工业中有广泛的用途。主要用于制造特种钢、超硬质合金和耐高温合金，在电气工业、化学工业、陶瓷工业、原子能工业及火箭技术等方面。中国稀有金属资源丰富，如钨、钛、稀土、钒、锆、钽、铌、锂、铍等已探明的储量，都居于世界前列，中国正在逐步建立稀有金属工业体系。

人造太阳之谜

锂是生产氢弹不可缺少的原料。现在就来介绍这个最轻的稀有金属——锂。

氢弹的炸药——氚化锂，是用锂制造的。氚是一种气体，储存、运送都不方便，放在炸弹里更不方便。据说，第一个氢弹是把氚冷冻成液体，放在一只大"热水瓶"里，十分笨重，简直不能搬上飞机。后来把氚做成氚化锂，它是一种白色的粉末，装在氢弹里就很方便了。

据估计，1千克锂放出来的热量，相当于2万吨煤炭。这种神话般的巨大力量，使科学家产生了许多幻想。也许可以用氚化锂来开凿巨大的水利工程，几十千克氚化锂或许就能够挖通一条巴拿马运河。还有人幻想把氚化锂放在人造卫星上；在天空中升起一个"人造太阳"，使黑夜变成白天，使北极变成温带。

如果说铍矿石在几千年前，就用它美丽的姿色引起了人类的注意，那么，锂却是一声不响地藏在人们不注意的地方：海水、湖水、盐井水和两种貌不惊人的矿石里。

要是有人说海水是比汽油更好的燃料，或许会被指斥是信口开河。但是，每吨海水中含有1/10克锂，它能够释放出相当于1.5吨汽油的热量！如果你有兴趣，不妨算算看，全世界的海水大约有2 000 000 000 000 000 000吨，它所含的锂相当于多少汽油？

科学家正在研究从海水中提炼锂的方法，说不定真有一天会把海洋看得跟石油矿一样宝贵。但是，从海水中提炼锂终究是十分困难的，因为每吨海水只含0.1克锂，要想得到一点点锂必须浓缩大量海水。

那么，能否在自然界里找到含锂量比较多的海水呢？

大自然"帮助"浓缩海水

我国汉代的古书里就有"沧海桑田"的记载，这是说古代的海洋慢慢地干涸，变成了陆地。在地质学上这是常有的事，譬如：今天有些居住着千千万万人的地方，千百万年以前或许就是一片汪洋大海。这些地方的"海"慢慢地干涸以后，海水中的食盐、氯化镁和氯化锂都在海底结成盐块，又经过多年变化，就在地下形成了巨大的"盐水库"，其中的氯化锂要比海水中的浓得多。这种大自然"帮助"我们浓缩海水的例子很多，给我们提供了提炼锂的好原料。

6万多度电炼1吨锂

经过复杂的化学方法，可以从盐水或者矿石里提炼出氯化锂。要把氯化锂炼成金属锂，通常就采用熔盐电解的方法。

把氯化锂和氯化钾混合，放在电解炉里，它们受热以后会熔化成液体，再通上强大的直流电，氯化锂就分解成银白色的金属锂和氯气。当液体的金属锂浮在熔化了的氯化锂和氯化钾上面的时候，就可以把它取出来放在油里，让它凝结成固体。锂在空气中会很快地吸收水分而变质，所以要把它放在油里保存。

锂

氯和锂的化学结合力很强，要用非常强大的电力能够把它们分开，因此电力消耗很大，每炼1吨锂要消耗6万多度（千瓦时）电。

知识点

氢 弹

氢弹是核武器的一种，是利用原子弹爆炸的能量点燃氢的同位素氘等轻原子核的聚变反应瞬时释放出巨大能量的核武器。又称聚变弹、热核弹、热核武器。氢弹的杀伤破坏因素与原子弹相同，但威力比原子弹大得多。原子弹的威力通常为几百至几万吨级TNT当量，氢弹的威力则可大至几千万吨级TNT当量。还可通过设计增强或减弱其某些杀伤破坏因素，其战术技术性能比原子弹更好，用途也更广泛。

RENLEI ZAI HUAXUE SHANG DE TANZHI

延伸阅读

锂电池只能充放电500次吗

锂电池是一类由锂金属或锂合金为负极材料，使用非水电解质溶液的电池。最早出现的锂电池来自于伟大的发明家爱迪生，使用以下反应：$Li + MnO_2 = LiMnO_2$ 该反应为氧化还原反应，放电。由于锂金属的化学特性非常活泼，使得锂金属的加工、保存、使用，对环境要求非常高。所以，锂电池长期没有得到应用。现在锂电池已经成为了主流。

相信绝大部分消费者都听说过，锂电池的寿命是"500次"，500次充放电，超过这个次数，电池就"寿终正寝"了，许多朋友为了能够延长电池的寿命，每次都在电池电量完全耗尽时才进行充电，这样对电池的寿命真的有延长作用吗？答案是否定的。锂电池的寿命是"500次"，指的不是充电的次数，而是一个充放电的周期。

一个充电周期意味着电池的所有电量由满用到空，再由空充到满的过程，这并不等同于充一次电。比如说，一块锂电在第一天只用了一半的电量，然后又为它充满电。如果第二天还如此，即用一半就充，总共两次充电下来，这只能算作一个充电周期，而不是两个。因此，通常可能要经过好几次充电才完成一个周期。每完成一个充电周期，电池容量就会减少一点。不过，这个电量减少幅度非常小，高品质的电池充过多次周期后，仍然会保留原始容量的80%，很多锂电供电产品在经过两三年后仍然照常使用。当然，锂电寿命到了最终后仍是需要更换的。

而所谓500次，是指厂商在恒定的放电深度（如80%）实现了625次左右的可充次数，达到了500个充电周期。

（80% * 625 = 500）（忽略锂电池容量减少等因素）

而由于实际生活的各种影响，特别是充电时的放电深度不是恒定的，所以"500个充电周期"只能作为参考电池寿命。

药检引发的风波

施特罗迈尔是 19 世纪德国汉诺威省哥廷根大学的化学教授，同时他还兼任汉诺威省药物总监的职务。1817 年秋，施特罗迈尔奉命去希尔德斯海姆视察。一次，在一家药店里，他随手从架子上拿起一瓶药，药瓶的标签上写着"氧化锌"，可施特罗迈尔一眼就看出那不是氧化锌，而是碳酸锌，虽然这两种化学药品都是白色的粉末。他进而发现，这一带的药商几乎都是用碳酸锌来代替氧化锌配制一种用来治疗湿疹、癣等皮肤病的收敛消毒药。

这种做法无疑是违反《德国药典》规定的，作为药物总监的施特罗迈尔当然要干预过问。不过，施特罗迈尔也很奇怪，氧化锌通常是用加热碳酸锌来得到的，其制取方法非常简便。既然如此，那些药商们何苦要冒违法的风险，用碳酸锌来代替氧化锌呢？经过了解，施特罗迈尔才知道，药商们其实也是冤枉的。他们的药品都是从萨尔兹奇特化学制药厂买进的，货运来时就是这样，而且氧化锌和碳酸锌都是白色粉末也确实不大好辨认。

于是，施特罗迈尔又追到萨尔兹奇特化学制药厂，到此真相大白。原来，萨尔兹奇特化学制药厂生产出的碳酸锌，在加热制取氧化锌时，不知为什么一加热就变成了黄色，继续加热又呈现橘红色。他们怕这种带色的氧化锌没人要，就用碳酸锌来冒充了。

身为药物总监而同时又是化学家的施特罗迈尔对这件事非常感兴趣，因为正常的碳酸锌在加热时，会生成白色的氧化锌和二氧化碳，而不会出现变色现象，现在总是出现变色现象，这其中必有缘故。于是施特罗迈尔取了一些碳酸锌样品，带回哥廷根大学进行分析研究。

施特罗迈尔把碳酸锌样品溶于硫酸，通入硫化氢气体，得到了一种黄褐色的沉淀物，当时很多人都认为这黄褐色东西是含砷的雄黄。如果真是这样，萨尔兹奇特化学制药厂将要承担出售有毒药物的罪名，因为砷化物是有剧毒的。这可急坏了药厂的老板。但施特罗迈尔并没有简单地下此结论，他在继续分析这黄褐色的沉淀物。不久，施特罗迈尔排除了沉淀物中含砷的可能，并宣布从中发现了一种新元素，引起碳酸锌变色的正是它！这新元素的性质与锌十分相近，它们往往共生于一种矿物。新元素被命名为镉，由于镉在地

表中的含量比锌少得多，而沸点又比锌低，冶炼锌时很容易挥发掉，所以它才长久地隐藏在锌矿中而未被发现。

至此，这场药检风波终于有了结论，萨尔兹奇特制药厂排除了出售有毒药物的罪名，而更重要的是：在这场风波中，由于施特罗迈尔没有简单地相信实验初期的结果，而是锲而不舍地继续研究、分析，因而发现了新的元素。应该提到的是，还有德国人迈斯耐尔和卡尔斯顿，也都分别发现了镉。

镉主要用于电镀中，镀镉的物件对碱的防腐力很强；金属镉也可做颜料；镉还可以做电池原料，镉电池寿命长、质轻、容易保存。但是后来进一步的研究发现，镉也是对人体有剧毒的元素之一，镉盐进入人体后会慢慢积聚起来，破坏体内的钙，使受害者骨骼逐渐变形，严重的会使身长缩短，最后在剧痛中死亡。当然，这是后话了，含镉的化合物也是不能作为药物应用的。

知识点

硫　酸

硫酸，化学式为 H_2SO_4，是一种无色无味油状液体，是一种高沸点难挥发的强酸，易溶于水，能以任意比与水混溶。硫酸是基本化学工业中重要产品之一。它不仅作为许多化工产品的原料，而且还广泛地应用于其他的国民经济部门。硫酸是化学六大无机强酸（硫酸、硝酸（HNO_3）、盐酸（HCl，学名氢氯酸）、氢溴酸（HBr）、氢碘酸（HI）、高氯酸（$HClO_4$）之一，也是所有酸中最常见的强酸之一。

 延伸阅读

镉中毒

镉不是人体的必需元素。人体内的镉是出生后从外界环境中吸取的，主要通过食物、水和空气而进入体内蓄积下来。

镉的烟雾和灰尘可经呼吸道吸入。肺内镉的吸收量约占总进入量的 $25\% \sim 40\%$。每日吸 20 支香烟，可吸入镉 $2 \sim 4\mu g$。镉经消化道的吸收率，与镉化合物的种类、摄入量及是否共同摄入其他金属有关。例如钙、铁摄入量低时，镉吸收可明显增加，而摄入锌时，镉的吸收可被抑制。吸收入血液的镉，主要与红细胞结合。肝脏和肾脏是体内贮存镉的两大器官，两者所含的镉约占体内镉总量的 60%。据估计，$40 \sim 60$ 岁的正常人，体内含镉总量约 30mg，其中 10mg 存于肾，4mg 存于肝，其余分布于肺、胰、甲状腺、睾丸、毛发等处。器官组织中镉的含量，可因地区、环境污染情况的不同而有很大差异，并随年龄的增加而增加。

进入体内的镉主要通过肾脏经尿排出，但也有相当数量由肝脏经胆汁随粪便排出。镉的排出速度很慢，人肾皮质镉的生物学半衰期是 $10 \sim 30$ 年。

镉及其化合物均有一定的毒性。镉中毒有急性、慢性中毒之分。吸入氧化镉的烟雾可产生急性中毒。中毒早期表现咽痛、咳嗽、胸闷、气短、头晕、恶心、全身酸痛、无力、发热等症状，严重者可出现中毒性肺水肿或化学性肺炎，有明显的呼吸困难、胸痛、咳大量泡沫血色痰，可因急性呼吸衰竭而死亡。用镀镉的器皿调制或存放酸性食物或饮料，饮食中可以含镉，误食后也可引起急性镉中毒。潜伏期短，通常经 $10 \sim 20$ 分钟后，即可发生恶心、呕吐、腹痛、腹泻等症状。严重者伴有眩晕、大汗、虚脱、上肢感觉迟钝、甚至出现抽搐、休克。一般需经 $3 \sim 5$ 天才可恢复。

长期吸入镉可产生慢性中毒，引起肾脏损害，主要表现为尿中含大量低分子量蛋白质，肾小球的滤过功能虽多属正常，但肾小管的回收功能却减退，并且尿镉的排出增加。

镉作业工人的肺气肿、贫血及骨骼改变也有报道，但这些改变与镉接触的确切关系尚不能肯定。国外也有报道接触氧化镉的工人前列腺癌发病率较高。

未来的金属——钛

钛是一种不寻常的金属材料，它兼有质量轻、强度大、耐热、耐腐蚀和原料丰富五大优点，所以人们抱着莫大的希望，把它叫做"未来的金属"。

钢铁、铜、铝这些常用的金属材料，它们虽然各有优点，可是往往只有"一技之长"，总有不少缺陷。例如：钢铁的强度大，但是太重，又容易生锈；铝很轻，却不耐高热。钛可是个"多面手"，它的密度只有钢铁的一半，却和钢铁一样强韧，它不生锈，熔点又高。

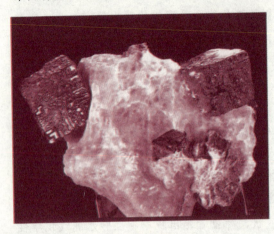

钛矿石

把钛算做"稀有"金属，真有点冤枉。地球表面10千米厚的地层中，含钛达6‰，比铜多61倍！随便从地下抓起一把泥土，其中都含有千分之几的钛。世界上储量超过1 000万吨的钛矿并不稀罕。钛几乎可以说是"取之不尽，用之不竭"的金属。

现在，让我们来看看这位"多面手"的本领吧！

航天领域的"香饽饽"

最初发明的飞机，飞行速度比汽车快不了几倍。后来，制造出越来越快的飞机，有一种飞机只要一刻钟就能够从北京飞到上海，而坐火车要走一天！

飞机可以飞得快些，在军事上的价值是不言而喻的。所以，近年来各国都在努力制造更快的飞机。要让飞机飞得更快，得过许多技术关，其中有一个重要的难关就是机翼发热问题。

飞机飞快了以后，机翼上的空气受到压缩，放出很多的热来，使飞机表面的温度急剧增高。飞行速度是声音速度3倍的飞机，它的表面温度大约能够达到500℃，有发出暗红色火光的煤块那样热。所以有些航空工程师开玩笑说：飞机翅膀上可以炒鸡蛋吃！过去的飞机多用铝制造，铝虽然很轻，但是不耐热，就是个别比较耐热的铝合金，一到二三百摄氏度也会吃不消。至于说用铝来制造耐得住500℃的飞机翅膀，那就跟想用马粪纸造汽车一样荒唐！

很明显，必须有一种又轻又韧又耐高温的材料来代替铝。钛恰好能够满足这些要求。所以，近年来军用飞机和民用喷气飞机都用钛做材料。这样，飞机就可以飞得又快又远。

钛还用来制造坦克、降落伞、潜水艇和水雷等武器的部件。

钛的另一个更重要的用途，是制造火箭、导弹和宇宙飞船。

这些"上天"的机器，对材料的要求非常严格，必须又轻又强韧。因为在起飞和降落的时候，它们要跟空气摩擦，会使材料受到"烈火"的考验；到了宇宙空间，是 -100℃ 以下，在这样低的温度下，鸡蛋也会冻得和石头一样硬，所以要求材料必须在严寒中不发脆。钛正好能够满足这些要求。它的密度只有钢铁的一半，强度却比铝大 3 倍还多，在 400℃ ~ 500℃ 度的考验下满不在乎，冷到 -100℃ 以下也还有很好的韧性。

因此，钛已经成为制造火箭、导弹、人造卫星和宇宙飞船的重要材料。

人造雾之谜

看过《三国演义》的人，都知道诸葛亮草船借箭的故事。诸葛亮利用长江夜间的漫天大雾，驾驶 20 只快船到曹操 83 万人马的水寨前擂鼓呐喊，迷惑了曹操，赚得 10 万多支箭。

这个故事虽然是后人编造出来的，但是说明了雾的军事价值。

现代战争中，更是经常施放烟幕弹，用人造雾来迷惑敌人。在第一次世界大战中，德军最先使用了烟幕弹，曾经在康勃雷地区迷惑了英国的坦克部队，使他们误入德军包围圈，结果全部被歼。人造

烟幕弹

雾最好的一个方法就是喷射一种钛的化合物——四氯化钛，它造成的烟幕很持久。除了用做人造雾外，四氯化钛还可以用飞机喷洒出来，在天空中写字，长久不散。

世界上最白的东西

二氧化钛是世界上最白的东西，1 克二氧化钛就可以把 450 多平方厘米的面积涂得雪白。它比常用的白颜料——锌钡白还要白 5 倍，因此是调制白

RENLEI ZAI HUAXUE SHANG DE TANZHI

油漆的最好颜料。世界上用做颜料的二氧化钛,一年多到几十万吨。二氧化钛还可以加在纸里,使纸变白并且不透明,效果比加其他物质好10倍,因此制造钞票和美术品用的纸,有时就要添加二氧化钛。此外,为了使塑料的颜色变浅,使人造丝光泽柔和,有时也要添加二氧化钛。

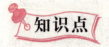

知识点

摄氏度

摄氏度是目前世界使用比较广泛的一种温标,它是18世纪瑞典天文学家安德斯·摄尔修斯提出来的。当时他规定在1标准大气压下,把水的沸点定为100℃,冰水混合物的温度定为0℃,其间分成100等分,1等分为1℃,和现行的摄氏温标刚好相反。又隔两年,著名博物学家林奈也使用了这种把刻度颠倒过来的温度表,并在信中宣称:"我是第一个设计以冰点为0℃,以沸点为100℃的温度表的。"这种温度表仍然称为摄氏温标。后人为了纪念安德斯·摄尔修斯,用他的名字第一个字母"C"来表示。1954年的第十届国际度量衡大会特别将此温标命名为"摄氏温标",以表彰摄尔修斯的贡献。

延伸阅读

捕鱼之谜

在海洋中捕鱼的一个最大困难,就是怎样在茫茫的大海中找到鱼群。老渔民凭着他们丰富的经验,虽然能够做出一定的判断,但是对海底鱼群的分布总还不能了如指掌。

现在终于有好办法了,我国的渔轮上已经有了超声波探测鱼群的设备。原来鱼群密集的地方,海水中有大量气泡,能够反射超声波,可以利用它来探测鱼群。

有趣的是,最先用超声波"看"东西的不是人,却是蝙蝠。

蝙蝠能够在黑暗中准确地捕捉小虫。这件事，动物学家早在几百年前就知道了。可是多少年来，骗蝠的这种本领一直是一个"谜"，直到近年掌握了超声的知识以后，才研究清楚。原来蝙蝠在飞行的时候，它的小嘴能够朝一定的方向发出超声波，如果前面有物体，超声波就会反射回来；蝙蝠的耳朵能够十分灵敏地"听"到这种回声，它就靠着判断回声的快慢和强弱，来确定自己的行动。

可是人的身上没有发射和接收超声波的器官。对于超声波来说，我们既是"哑巴"又是"聋子"，只能靠仪器来帮忙。发射和接收超声波的仪器种类很多，其中有一种是用钛酸钡来制造的，性能很好。

钛酸钡有一种奇异的性质：用力压它会产生电，只要一通上电，它又会改变形状。把钛酸钡放在超声波中，它受到超声波的压力会产生电流，我们用仪器把电流记录下来，就"看见"了超声波。反过来，如果我们给钛酸钡加上高频的电压，它就会发出超声波来。

用钛酸钡做的水底测位器，是锐利的水下眼睛，它不仅能够看到鱼群，而且还可以看到海底下的暗礁、冰山和敌人的潜水艇等。它还能够检查钢铁内部，看它有没有裂纹和缺陷。

钛酸钡还有很多别的用处，例如：铁路工人把它放在铁轨下面，来测量火车通过时候的压力；医生用它制成脉搏记录器，把脉搏跳动变成电压，记录在仪器上。

电灯丝的由来之谜

钨，这个熔点最高的金属，是制造电灯丝的好材料。

最早的电灯泡不是用钨丝，而是用碳丝做的。碳丝虽然耐高热，却十分脆弱，容易断。当时的灯泡制造商，曾经派出考察队到世界各地去收集各种植物纤维，希望能够找到一种比较好的灯丝原料。后来发现，用钨做灯丝比用碳丝好得多。

我们知道，钨在各种金属中熔点最高。在 1 600℃的高温下，坚硬的钢铁都要在炼钢炉里化成稀薄的钢水，钨在同样的温度下却还是固体。

这样优异的性能就决定了用钨做灯丝的价值。原来在灯泡里，电流要把灯丝加热到 2 000℃，才能够使它发出明亮的白光来，如果灯丝受不住高热，熔化了或者软化了，那当然就达不到目的。钨在 2 000℃的时候仍有一定的强度，所以做灯丝非常合适。

你知道灯丝是怎样做成的吗？从矿山中开采出来的钨砂——黑钨矿，是一种外观有点像煤炭的黑石头，它的化学成分是钨酸锰或钨酸铁。把矿石磨碎，加上碳酸钠放在炉子中熔化，然后用水浸出钨酸钠，经过加酸和煅烧，就得到氧化钨粉末。

氧化钨粉末放在特制的炉子里用氢气还原，就得到金属钨的粉末。

钨丝灯泡

还必须把钨粉制成钨丝。我们常用的铁丝，是用钢锭拉出来的，钨丝却很难这样制造。因为钨的熔点高达 3 400℃。要想把钨粉熔化成钨锭来拉丝，是十分困难的。

为了克服这个困难，有人发明了一种用金属或金属化合物制取金属粉末，再压制或烧结成产品，叫做粉末冶金。

钨粉加上水和黏性物质，像做面条一样，先做成钨粉的"面团"，然后放在特制的模子里连挤带压，做成很细的钨粉"面条"，把它烘干，再放在电炉中加高热，最后通过许多个逐渐细下去的金刚石细孔，抽成细丝，这才成了电灯泡中用的钨丝。

这种粉末冶金的方法，最初只用来制造灯丝，后来用来制造的东西越来越多了，像可以把钨粉、钼粉制造成钨锭、钼锭。另外，用不同的金属粉末冶金，还可以制造许多其他冶炼方法所不能制造的产品，例如：多孔性的金属块，不能熔合在一起的金属合金，金属和塑料的混合材料等等。

知识点

熔　点

　　物质的熔点，即在一定压力下，纯物质的固态和液态呈平衡时的温度，也就是说在该压力和熔点温度下，纯物质呈固态的化学势和呈液态的化学势相等，而对于分散度极大的纯物质固态体系（纳米体系）来说，表面部分不能忽视，其化学势则不仅是温度和压力的函数，而且还与固体颗粒的粒径有关。

延伸阅读

爱迪生和电灯

　　爱迪生在 1877 年开始了改革弧光灯的试验，提出了要搞分电流，变弧光灯为白光灯。这项试验要达到满意的程度，必须找到一种能燃烧到白热的物质做灯丝，这种灯丝要经住热度在 2 000℃、1 000 小时以上的燃烧。同时用法要简单，能经受日常使用的击碰，价格要低廉，还要使一个灯的明和灭不影响另外任何一个灯的明和灭，保持每个灯的相对独立性。为了选择这种做灯丝用的物质，爱迪生先是用碳化物质做试验，失败后又以金属铂与铱高熔点合金做灯丝试验，还做过矿石和矿苗共 1 600 种不同的试验，结果都失败了。但这时他和他的助手们已取得了很大进展，已知道白热灯丝必须密封在一个高度真空的玻璃球内，而不易熔掉的道理。这样，他的试验又回到碳质灯丝上来了。他昼夜不息地用各种材料做试验。到了 1880 年的上半年，爱迪生的白热灯试验仍无结果。他全副精力在碳化上下功夫，仅植物类的碳化试验就达 6 000 多种。相关的试验笔记簿达 200 多本，共计 4 万余页，先后经过3 年的时间。他每天工作十八九个小时。每天清早三四点的时候，他才头枕两三本书，躺在实验用的桌子下面睡觉。有时他一天在凳子上睡三四次，每次只半小时。但爱迪生的白热灯试验仍无结果，就连他的助手也灰心了。有一天，他把试验室里的一把芭蕉扇边上缚着一条竹丝撕成细丝，经碳化后做成一根灯丝，结果这一次比以前做的种种试验都优异，这便是爱迪生最早发明的白热电灯——竹丝电灯。这种竹丝电灯继续了好多年。直到1908年发明用钨做灯丝后才代替它。

为何称"铯"和"铷"为翻译家

铯和铷被称为"翻译家"。它们的身世是什么呢？

铯榴石是炼铯的最好原料，铍的矿石——绿宝石常常含有铷和铯，所以也是提炼铷和铯的原料。但是，最大量的铷和铯却蕴藏在海水中。据估计，海水中的铷共有4 000亿吨，比陆地上的铁矿还多！可惜到现在为止，还没有找到从海水中提取铷和铯的有效方法。但是在古代的海干涸以后所遗留下的盐层或者盐湖里，铷和铯的含量要比海水中浓得多，已经有办法把它们提炼出来。有的国家就是从岩盐矿层中提取铷和铯的。

知道了它们的身世，可是为什么它们被称为"翻译家"呢？

我国大部分地区都有电视台，它不但能够播送声音，还能够播送图像。譬如，北京举行的乒乓球锦标赛，除了在场的观众，全国各地成千上万坐在电视机前面的观众都可以欣赏到。他们是通过天空中的无线电波间接地看到比赛实况的。

十分明显，直接利用光线传播比赛实况是不可能的，电视的妙处，就在它能够把光线"翻译"成无线电波，辗转播送到全国各地。千家万户的电视机接收到了无线电波，又把它"翻译"成光线，使电视观众看到比赛实况。

这种"翻译"在科学上叫做光电转换，是电视广播的基础。把"光"翻译成"电"的，是一种叫做"光电管"的设备，稀有金属铯和铷，在光的照射下能够产生电流，是光电现象最强烈的材料，所以是制造光电管的主要感光材料。

铯和铷的"翻译"工作在天文学上也很有用。我们仰望夜空，可以看到繁星点点，有的明亮，有的昏暗，有的每天每月在改变亮度。天文学家用光电管做成的仪器，把星光变做电流，只要测量电流的大小，就能够算出每颗星星的亮度。你千万不要以为这是无关紧要的工作，天文学家正是从这里获得许多有关宇宙的宝贵知识。其中一个重要的收获，就是测量遥远的恒星的距离。

要知道北京到天津的距离，只要在地面上做一次测量就行了，但是要测量银河中遥远的恒星集团的距离，那就十分困难。因为我们不但没法到那里去，而且距离过于遥远了。后来，天文学家终于找到一种方法，他们发现，有一种改变亮度的星，这种星的总发光量和亮度变化的周期有一定的关系，它是变星中的一种，叫做"造父型变星"。不论多么遥远的地方，只要找到一颗这样的星星，我们就可以从它的亮度变化周期，推算出它的总发光量，然后再用光电管测量出它的亮度。总发光量相同的星星，距离越远亮度就越低，所以从星星的总发光量和实测亮度，就可以算出它的距离，于是这个地方的远近，也就可以算出来了。

天文学家正是用了这种方法，才算出了银河或者更远的星云离开我们有多远。

对森林资源来说，火灾是一件最令人头痛的事情。特别是绵延几百千米的大森林，有时候失火还不知道，这样会造成很大的损失。

用铷和铯做主要感光材料的光电管，在这里又能够帮我们的忙。装着光电管的自动报警器，能够把火灾的光线变成电流，向遥远的管理中心发出警报。

也可以利用光电管做成看守重要地区或者仓库的设备。如果有人进行破坏、盗窃活动，只要他一遮断预先围绕在建筑物上的光线，光电管就会使电铃、汽笛、警灯之类的信号器接通电源，发出警报。

光电管能够"看见"附近的事物，这就给自动化提供了有利条件。如果说光电管是自动化的眼睛，那么铯和铷就是这个眼睛的"视网膜"。

转炉炼钢的"火候"，过去只能是单凭有经验的工人用眼睛来观察，而且有时不精确。现在已经用光电管制成的"电眼"来控制了。

在高温的电炉旁边装上光电管，能够记下从炉子里发出来的光的强弱，从光的强弱就可以算出温度高低。如果再接上自动化装置，光电管更可以根据炉子的情况决定供电多少，来控制电炉的温度。

在拥有现代化工业的国家里，通常有许多电站组成统一的供电网，统一调度，互补余缺。拿我国来做例子，东北、华北和华东等地区，就都有这种统一的供电网。

统一的调度站，离开各发电站常常有几百千米远。要在这样远的地方知道各电站的情况，并且还要进行远程控制，是非常复杂的事情。光电管在这里又大显神通，它把电站仪表的指数变成信号，"告诉"几百千米外的调度站，不论距离多远，误差不会超过20‰。

知识点

无线电波

无线电波是指在自由空间（包括空气和真空）传播的射频频段的电磁波。无线电技术是通过无线电波传播声音或其他信号的技术。无线电技术的原理在于，导体中电流强弱的改变会产生无线电波。利用这一现象，通过调制可将信息加载于无线电波之上。当电波通过空间传播到达收信端，电波引起的电磁场变化又会在导体中产生电流。通过解调将信息从电流变化中提取出来，就达到了信息传递的目的。

延伸阅读

原子钟

铯原子的第六层——即最外层的电子绕着原子核旋转的速度，总是极其精确地在几十亿分之一秒的时间内转完一圈，稳定性比地球绕轴自转高得多。利用铯原子的这个特点，人们制成了一种新型的钟——铯原子钟，规定1秒就是铯原子"振动"9 192 601 770次（即相当于铯原子的最外层电子旋转这么多圈）所需要的时间。这就是"秒"的最新定义。

利用铯原子钟，人们可以十分精确地测量出十亿分之一秒的时间，精确度和稳定性远远地超过世界上以前有过的任何一种表，也超过了许多年来一直以地球自转作基准的天文时间。人类创造性的劳动得到了收获。大家知道，在我们日常生活里，只要知道年、月、日以至时、分、秒就可以了。但是现代的科学技术却往往需要精确地计量更为短暂的时间，比如毫秒（1×10^{-3}

秒）、微秒（1×10^{-7}秒）等。有了像铯原子钟这样一类的钟表，人类就有可能从事更为精细的科学研究和生产实践，比如对原子弹和氢弹的爆炸、火箭和导弹的发射以及宇宙航行等等，实行高度精确的控制，当然也可以用于远程飞行和航海。

铯原子的最外层电子极不稳定，很容易被激发放射出来，变成为带正电的铯离子，所以是宇宙航行离子火箭发动机理想的"燃料"。铯离子火箭的工作原理是这样的：发动机开动后，产生大量的铯蒸气，铯蒸气经过离化器的"加工"，变成了带正电的铯离子，接着在磁场的作用下加速到每秒150千米，从喷管喷射出去，同时铯离子火箭以强大的推动力，把火箭高度推向前进。计算表明，用这种铯离子作宇宙火箭的推进剂，单位重量产生的推力要比现在使用的液体或固体燃料高出上百倍。这种铯离子火箭可以在宇宙太空遨游一两年甚至更久！用铯作成的原子钟，可以精确地测出十亿分之一秒的一刹那，它连续走上30万年，误差也不超过1秒，精确度相当高，另外，铯在医学上、导弹上、宇宙飞船上及各种高科技行业中都有广泛应用。

稀土元素分离之谜

在已经知道的112种化学元素中，按照门捷列夫元素周期表排列的时候，我们可以发现，从镧开始直到镥为止有一块长条，上面写着15个镧系元素的名字：镧、铈、镨、钕、钷、钐、铕、钆、铽、镝、钬、铒、铥、镱、镥。它们和另外一种元素钇在一起，就叫做稀土元素。

但是，在稀土金属刚发现的时候，人们曾经把它们当做是一种金属，后来经过仔细的研究，才知道原来是上面这16种金属的混合物。它们好像16个兄弟，长得非常相像，也就是说，它们的物理性质和化学性质很接近，用普通的化学方法极难使它们分开。

因此，现在大部分稀出金属都是当做"混合金属"生产的。"混合金属"是用熔盐电解法生产的。将独居石和硫酸起作用，使生成的稀土元素的硫酸盐溶解到水里，用化学方法除去杂质，然后使稀土元素变成氯化物，再放在电解炉里通上直流电，制取混合金属。

大同小异，各有千秋。我们说这16个兄弟长得非常相像，这是指它们的

稀土矿

大多数性质来说的，并不是说它们的一切性质和本领都完全一样。实际上，它们在某些个别性质上差得很远，这就使得个别稀土金属的某些性能和混合金属大不相同。

钇是一个突出的例子。它很轻，密度比钛还小一些，耐高温的本领却超过钛，因此是一种有希望的火箭材料。同时，钇吸收中子少，所以已被制成管子，用来装 1 000℃的液体铀合金，建造一种高效率的原子反应堆。钇锆合金也是原子能工业的材料。

铥是另外一个突出的例子。它可以制造一种携带方便的手提式 X 射线透视机。原来目前的 X 射线是用高压电通过复杂的设备发生的，因此 X 射线机不但非常笨重，而且没有电源的地方就不能用。铥不需要任何电源，就能够放出类似的 X 射线，这就使 X 射线的应用更加方便了。

因此，怎样把各种稀土金属单独地分离出来，就成了当前的迫切问题。

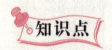
知识点

X 射 线

X 射线是波长介于紫外线和 γ 射线间的电磁辐射。X 射线是一种波长很短的电磁辐射，其波长约为（20~0.06）×10^{-8}厘米之间。由德国物理学家 W·K·伦琴于 1895 年发现，故又称伦琴射线。伦琴射线具有很高的穿透本领，能透过许多对可见光不透明的物质，如墨纸、木料等。这种肉眼看不见的射线可以使很多固体材料发生可见的荧光，使照相底片感光以及空气电离等效应，波长越短的 X 射线能量越大，叫做硬 X 射线；波长长的 X 射线能量较低，称为软 X 射线。

延伸阅读

使合金材料"延年益寿"

许多合金只要加入少量稀土金属，就可以使它们增加"抗疲劳"、"抗氧化"的本领，延长使用寿命。在镁合金中加入稀土金属，有很大的好处。含有锆和稀土金属的镁合金，不但"抗疲劳"性能好，更重要的是在比较高的温度下还有很好的强度，重量也只有铝合金的3/4，目前都用它来制造喷气式飞机。

不锈钢管在工业上的用处很大，但是制造起来很困难。因为用不锈钢做管子的时候，非常容易出裂纹，造成废品。如果在不锈钢中加入2/10 000的稀土金属，它就不容易出裂纹，可以大大减少废品。

在镍合金中加入2‰的稀土金属，也可以增加它的耐氧化性质。在电炉的电热丝中加入少量稀土金属，更可以成倍地延长电热丝的寿命。

90多年前，奥地利化学家奥爱尔发现，把稀土元素氧化物放到火焰中去，能够发出明亮的白光来，于是就建议用稀土元素氧化物来做汽油灯上的纱罩，使它发出强度光亮来照明。但是，当时稀土元素的来源很缺，奥爱尔四处寻找，终于在南美洲巴西的海滩上，找到了大量稀土元素的矿石——独居石。从此，巴西的独居石就大量运到欧洲去制造纱罩。这种纱罩的年产量最高达到3亿多只，后来因为发明了电灯，它的销路才大大减少下来。

▌▌▌"恐怖"的光线之谜

铀和钍的原子里蕴藏着非常大的能量，平时，这种能量只是变成不可见的光，非常缓慢但源源不断地释放出来。这种光虽然看不见，但是可以拍摄得到。因为这个特点，我们把铀和钍叫做"放射性元素"。铀和钍经过某些加工，就成为所谓"原子燃料"。它们能够放出大量的热，可以用来做原子能发电站和原子能交通工具的燃料，也可以做原子弹的炸药。这种燃料的威力极大，1克铀由于原子核分裂散放出来的能量，抵得上2.5吨煤。

第一个发现铀的放射性的人，是法国物理学家贝克勒尔。

60 多年前，法国物理学家贝克勒尔发表了他的一个偶然发现，这一发现轰动了当时的科学界。贝克勒尔当时正在研究"磷光现象"。所谓磷光现象，就是一种物质受到太阳光照射后，在黑暗中能够继续发光的现象。贝克勒尔选择了当时谁也不注意的铀盐来做试验对象。他把铀盐放在太阳光下照射后，又在暗室里用胶卷把铀盐放射的光拍摄下来。有一次，连续下了几天雨，贝克勒尔没有太阳光做实验，只得停止工作，把没有被太阳光照射的铀盐和照相胶卷一起堆放在暗橱里。过了几天，他打开一看，发现没有照过太阳光的

居里夫妇

铀盐，也能使照片感光。这说明铀盐能自动地放出一种肉眼所看不见的射线来！贝克勒尔惊奇万分，立刻着手仔细研究这一问题，肯定这是一种新的现象——放射性。

伟大的科学家居里夫妇继续对放射性现象进行研究。他们弄明白了许多道理，还发现了另一种稀有金属钍的放射性。以后，又经过许多人的研究，终于在 1945 年，用铀和钍制成了原子弹；并在 1954 年，建成了世界上第一座原子能发电站。从此，人类学会了用铀和钍来做发电、开动轮船和潜水艇等的燃料。

一克铀代替两吨半煤

煤被人称作"乌金"，它比金子有用得多，取暖、煮饭、发电、开火车等，哪样少得了煤？但是，煤有一个大缺点，就是用量太大。一只小煤炉，一个月也要烧成百斤煤。一艘轮船总要有个大煤舱，而且要经常在港口停泊加煤。

我国一年要消耗几亿吨煤。这样多的煤都要装上火车从煤矿运到各地去，该是多么麻烦的事情。用铀和钍来做燃料要省事得多，一克铀 235 可以代替 2.5 吨煤。如果用铀开动轮船，"煤舱"只要象一只火柴盒子那样大就够了。

铀 235 是原子量 235 的铀，在天然铀中大约含有 7‰。它常常被用来做

"原子燃料"。

很容易想象，用"原子燃料"将给我们带来多大的方便。我国最大的工业城市上海，每年要消耗几百万吨煤。如果把这些煤堆成 1 米见方的煤堆，可以从上海堆到哈尔滨，大约有 2 000 千米长。这些煤都是从外地运来的，而燃烧后的几十万吨

煤

煤灰，又得想法子运走。如果用铀 235 来代替煤，大约每天 10 千克，一年不到 2 吨，就够全上海市用了。

从这个例子可以看到，在不产煤的地区，用原子能来发电是很合乎理想的。

全世界一年大约消耗 20 亿吨煤，这些煤的体积差不多等于一座 10 亿立方米的大山。世界上的煤还能挖多久呢？如果考虑到生产的发展，也许再过几百年煤就会挖光，那时候怎么办呢？

从现在看来，最现实的办法就是用铀和钍来代替煤。据估计，世界上已经探明的铀矿和钍矿一共有 2 000 多万吨。用它们来做燃料，要比全世界蕴藏的煤和石油所能放出的能量大 20 倍！用铀来开飞机、用铀 235 做动力的原子能破冰船和核潜艇已经制造成功，现在科学家正在研究用铀代替汽油来开飞机。1 千克铀 235 可以使飞机用每小时 1 300 千米的速度飞行 10 万千米，这就是说：原子能飞机可以做不着陆的环球航行。航空学家多少年来的梦想将要实现了。

有人还正在研究用铀开动火箭。在宇宙飞行中，减轻重量是十分重要的，但是火箭的燃料却重得出奇：100 吨重的火箭，大约要用 90 吨推进剂，再除掉它本身结构的重量，可以利用的吨位还不到一两吨。如果改用铀 235 作推进剂，那只要 50 克就够了。

铀 235 有巨大的爆炸力，如果用它来开挖水利工程，1 千克铀 235 的工作量，差不多就等于 25 万人劳动一天。

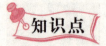

知识点

铀

　　铀是原子序数为92的元素，其元素符号是U，是自然界中能够找到的最重元素。在自然界中有3种同位素存在，均带有放射性，拥有非常长的半衰期（数亿年至数十亿年），地球上存量最多的是铀238（占99.284%），再来是可用作核能发电的燃料的铀235（占0.711%），占天然铀最少的是铀234（占0.0054%），铀拥有12种人工同位素（铀236~铀240）。

延伸阅读

核武器的杀伤力

　　核武器的杀伤破坏方式主要有光辐射、冲击波、早期核辐射、电磁脉冲及放射性沾染。光辐射是在核爆炸时释放出的以每秒30万千米速度直线传播的一种辐射光杀伤方式。1枚当量为2万吨的原子弹在空中爆炸后，距爆心7000米会受到比阳光强13倍的光照射，杀伤范围达2800米。光辐射可使人迅速致盲，并使皮肤大面积灼伤溃烂，物体会燃烧。冲击波是核爆炸后产生的一种巨大气流的超压。一枚3万吨的原子弹爆炸后，在距爆心投射点800米处，冲击波的运动速度可达200米/秒。当量为2万吨的核爆炸，在距爆心投影点650米以内，超压值大于1000克/厘米^2。可把位于该地区域内的所有建筑物及人员彻底摧毁。早期核辐射是在核爆炸最初几十秒钟放出的中子流和γ射线。1枚当量2万吨的原子弹爆炸后，距爆心1100米以内人员可遭到极度杀伤，1000吨级中子弹爆炸后，在这个范围内的人员几周内会致死，在200米以内的人员则当即致死。电磁脉冲的电场强度在几千米范围内可达1万~10万伏，不仅能使电子装备的元器件严重受损，还能击穿绝缘，烧毁电路，冲销计算机内存，使全部无线电指挥、控制和通信设备失灵。

1颗5000万吨级原子弹爆炸后破坏半径可达190千米。放射性沾染是蘑菇状烟云飘散后所降落的烟尘，对人体可造成照射或皮肤灼伤，以致死亡。1954年2月28日，美国在比基尼岛试验的1500万吨级氢弹，爆后6小时，沾染区长达257千米，宽64千米。在此范围内的所有生物都受到致命性沾染，在一段时间内缓慢地死去或终身残废。

手掌就能熔化的金属

一块银白色的金属放在你的手心里，当你刚想仔细端详一下的时候，它就熔化了，像水银一样流动起来，你只得像托住一颗大水珠似的小心托住它。它就是金属镓。

1875年法国化学家布瓦博德朗发现它时，为了纪念自己的祖国，以法国古时候的名字——家里亚命名它，简称镓。镓的熔点只有29.8℃，低于人的体温，所以在手心里会熔化；然而镓的沸点却高达2403℃，这一特点被人们用来制作高温温度计。因为汞的沸点是357℃，水银温度计一般做到350℃，当然也有400℃以上的，但很容易因热产生气泡，影响准确度，而用石英管做的镓温度计，可以测量1500℃的高温，称得上是直接读数温度计的冠军。

由于镓的熔点低，可做易熔合金，用在消火栓上做堵头，一旦起火，温度升高，堵头熔化，水能自动喷出灭火，消防人员可以很快找到它，消火栓口也受到水的降温保护，不会被烧毁。

比镓晚发现15年的铯，其熔点比镓还低，只有28.5℃；但是谁也不敢把它放在手心里，因为它太活泼了，在空气中会自燃，在水中能爆炸，要是搁在手心里，还不把肉皮烧焦了?! 人们只能将它放在煤油里。

煤油那么爱着火，不危险么？不，因为煤油隔绝了空气和水，铯就不会燃烧，更不会爆炸了。

由于铯能与水激烈反应，所以已被用来做电子管里的干燥剂。极少量的铯在真空管里吸干净微量的水蒸气，能大大提高真空度，延长电子管的寿命。光线照到金属铯上，它就能释放出一束电子，科学家利用铯的这个特性，做成了光电管。光电管是这样一种器件，当受光照射时，它就有电流通过，这个电信号可用于自动控制。当你走近北京饭店的大门时，门自动开了，你进

RENLEI ZAI HUAXUE SHANG DE TANZHI

去之后，门又自动关了，这就是光电管在指挥着自动门的开闭。

近年来，铯又担负了新的重任，做时间的计量标准，叫做"铯原子束时间频率基准器"。这是当前世界上最准确而又最稳定的时间频率计量基准，准确到十万亿分之一，30万年都差不了几秒钟。这对于天文测量，航天飞行都是不可缺少的，因为在这些领域里，时间常常是以微秒（百万分之一秒）为单位的呀！

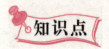

沸　点

沸腾是在一定温度下液体内部和表面同时发生的剧烈汽化现象。液体沸腾时的温度被称为沸点。浓度越高，沸点越高。不同液体的沸点是不同的，所谓沸点是针对不同的液态物质沸腾时的温度。沸点随外界压力变化而改变，压力低，沸点也低。

从四个"九"到八个"九"

用普通化学方法提炼的锗、镓、铟等，纯度只有99.99%，也就是4个"九"的纯度。这种纯度远远不能满足制造半导体的要求。要做成有用的半导体，还要把它提纯到99.999 999%～99.999 999 9%，也就是纯度要达到8个"九"到9个"九"。

要把锗、锑化铟、砷化镓提纯到这样高纯度，用普通的化学方法已经不行了，必须用"区域熔化法"。这个方法所根据的原理，是杂质的分凝现象：当一种元素从熔融状态凝结成固态的时候，在最初凝结出来的那一部分，它含有的杂质最少。

有一种区域熔化法的装置是这样的：把盛在石墨舟里的锗锭（或其他半导体锭）放在抽成真空的石英管里，用加热器在石英管外面加热。先把锗锭的一头熔化，变成熔区，然后让加热器缓慢地从一头移向另一头。随着熔区的向前推进，在熔区后面的锗就开始凝固，其中的杂质就大大减少，大部分杂质留在没有凝固的锗中，最后积聚在锗锭的另一头。这样反复地朝同一个方向分区熔化，就可以使锗锭的纯度越来越高。现在已能做出11个"九"的锗，杂质只有一百亿分之一。这类高纯物质就是半导体的好材料。

超塑性金属之谜

拉面，很多人都吃过。一小块面团，随着厨师们双手的甩动，由一根到两根，由10根变成20根，由小指粗到头发丝细，一气呵成，中间不断，真是技术高超。而细心的科学家们却想，如果有一种金属也能像拉面一样由粗到细，却中间不断裂，那么金属的应用又将会有一个新的空间。

塑性是金属自身具有的一种物理属性。所谓塑性，是指当材料或物体受到外力作用时，所发生显著的变形而不立即断裂的性质。塑性的大小，标志着材料变形能力的好坏。对于同种材料来说，塑性愈高表示材料的杂质愈少，纯度愈高，使用起来也就愈安全。同时，塑性好的材料，在加工过程中容易成形，可以制造出形状复杂的零件。

这种具有像拉面般柔软的金属叫做超塑性合金。这种合金在一定的温度下，以适当的速度拉伸，其拉伸长度可以是原来长度的几倍，甚至十几倍，目前已有近百种金属具有这种超塑性能。

那么超塑性合金为什么会比一般的金属或合金的塑性好呢？这让我们先看一看它在结构上与普通金属到底有何不同。

普通金属在电子显微镜下的结构图，图中块状的物质我们称之为晶粒，它是在金属形成过程中，由金属原子组成的。我们注意到这些晶粒体积庞大，形状千差万别，而且排列极不规则。

同倍数放大镜下超塑性合金的结构图，超塑性合金的晶粒形状规则精细，晶粒与晶粒之间的排列整齐有序。这好比小孩子玩滑沙的游戏，当地面上沙层的沙粒越细，摩擦就越小，我们也就越容易在上面滑动；如果沙粒越大，摩擦力越大，滑动起来自然就非常困难了。因此金属的晶粒越细，越整齐，它的塑性也就越好，同时也就越容易被拉伸。

我们再做一个试验，看看金属是如何被拉断的。首先我们将铝棒固定在拉伸试验机上，然后施加拉力，1分钟后，铝棒中的某一部位迅速变细，我们看到此处的拉伸速度明显比其他位置的拉伸速度快，结果铝棒在变细的部位被拉断。这个由粗变细，拉断的部位像脖颈一样的过程，科学上把它称为颈缩。通过这个试验，我们了解到，一般金属变形能力很差的原因是宏观均匀变形能力差，容易早期出现颈缩，并由于颈缩导致了早期的断裂。而超塑性合金恰恰宏观变形能力极好，它在拉伸过程中能够抑制颈缩的发生。

那么超塑性合金又是怎样有效地抑制颈缩的发生呢？

众所周知，我们用力拉动弹簧时，手给弹簧一个拉力，同时弹簧为了保持原有的状态，会给手一个反作用力。这个反作用力就是变形抗力。当超塑性合金受到外界拉力时，同样会在合金内部产生一个变形抗力。变形抗力的不均匀，导致了颈缩的发生。为了找到影响变形抗力的因素，捕捉它们之间的规律，科学家们对所有超塑性合金做实验。在实践中他们发现超塑性合金的变形抗力随着拉伸速度的增加而增加。也就是说，速度越快，抗力越大，速度越慢，抗力越小。我们在做拉伸试验时，当超塑性合金在拉伸过程中出现颈缩时，颈缩处拉伸的速度迅速加快，所以它产生的变形抗力比其他没有发生颈缩的位置抗力大。这时的拉力就像电流一样，哪里电阻小，电流就会流向哪里。因此拉力首先拉动那些变形抗力小的部分，从而有效地抑制了颈缩的发生。

超塑性合金正是由于具有大延伸、无颈缩、易成形等性质，因此它对那些结构复杂，难用金属压力加工的零件，显示出它在制备上独特的优势。

纺纱机纱筒表面有许多深深的凹槽。在以往的生产中，由于采用传统的普通金属材料，其性质单一，往往在加工这些凹槽时，需要多道工序，费工、费时，而且很难加工成形。现在采用了超塑性合金作为原材料，只要将合金放入模具中，通过气吹，便可一次成形。

超塑性合金在我们的日常生产生活中越来越被人们所关注。如今超塑性的研究领域已由原来塑性较好的金属、合金发展到了几乎没有塑性的陶瓷上。我们相信，今后超塑性合金将会被更广泛地应用到机械、航天、医疗、交通等诸多领域中去。

知识点

电　阻

电阻，是导体对电流通过的阻碍作用，所以亦称其为该作用下的电阻物质。电阻将会导致电子流通量的变化，电阻越小，电子流通量越大，反之亦然。没有电阻或电阻很小的物质称其为电导体，简称导体。不能形成电流传输的物质称为电绝缘体，简称绝缘体。

延伸阅读

纳米战斗服能让子弹"拐弯"

碳60分子每10个一组放在铜的表面组成了世界上最小的算盘。随着纳米技术的广泛运用，今后的生活、军事等领域还将发生重大的变化。

美国科学家运用纳米技术研制智能战斗服已经有10个年头。他们除了希望战斗服的面料具有化学防护功能外，还设想在战斗服内安装微型计算机和高灵敏度的传感器。这样，士兵将及时地得到警报，轻松避开射来的子弹。在他们的设想中，智能战斗服还能监控周围环境的重要变化，像变色龙一样具有伪装能力，与周围环境融为一体。

不仅如此，科学家们还设想到士兵有可能在野外生活很长一段时间，清洗衣物会有困难，于是他们正在研究一种能够"捕捉"气味的纤维。这种纤维具有分子大小的海绵体，可以吸收各种怪气味并把它们"锁住"，直至遇到肥皂水，再将怪气味释放。士兵的内衣、袜子等如果用这种纤维制造，将长时间不用清洗，这无疑会大大改善野战士兵的生活条件。

塔西纳里对纳米技术的发展充满信心。他认为，纳米技术在军事、民用领域都会大有作为。将来有一天，通过纳米技术制造的微型机器人甚至可以在人体血液里游动，去修补破损的细胞。谈到人们马上就能享用的产品，塔西纳里介绍说，波士顿的一家公司运用纳米技术研制的塑料充气鞋垫可以使里面的氦气18个月不泄漏，从而使穿着者走路更舒适、弹跳更有力。

稀有金属的奥秘

前面，我们介绍了铍、锂、铷、铯、钛、锆、钨、钼、钽、铌、铀、钍、锗和稀土金属，它们虽然只是稀有金属的一小部分，但是可以看出，稀有金属已经登上了历史舞台，并且将扮演越来越重要的角色。

现在让我们再来展望一下它们的发展前景吧！

当稀有金属的用途越来越广，成本越来越低，产量越来越大的时候，就会变成常用金属了。不少稀有金属正在经历这一过程。譬如钛的产量已经不小，已有不少人主张把它从稀有金属中划分出去。

这里不禁使我们想起100多年前的趣事。

那时候金属铝的生产方法还很落后，因此极不容易得到。有一次，法国皇帝拿破仑第三大宴宾客，客人用的碗碟都是金的和银的，只有皇帝自己用铝制的碗，他还向贵族和大臣们介绍这种"土中之银"的奇迹，使得参加宴会的客人羡慕不已。

1869年，英国伦敦化学学会送给伟大的化学家门捷列夫一套礼物，是用铝合金制成的花瓶和杯子。

当时，如果谁有一只小钢精锅（铝锅）的话，说不定要当做"传家之宝"哩！

可是现在，铝锅已经和铁锅一样，一点不稀罕了。许多稀有金属是完全有可能变成常用金属的。首先，它的蕴藏量很大，可以保证大量生产。其次，它的性能十分优异，将来一定会有越来越广泛的用途。最后，现在稀有金属价格很贵，所以总是先在尖端技术和军事工业中采用。随着它的产量急遽增大，成本迅速降低，就会逐渐用到一般技术部门中去。再说，将来许多尖端技术，像原子能等将会替大多数人服务，正像有了汽车就会熟悉汽油一样，尖端技术的普及，就会造成稀有金属的普及。

现在用来制取常用金属的矿石中间，往往含有多种稀有金属。怎样最经济、最有效地把它们同时提炼出来，还要解决许许多多的科学技术问题。

有人开玩笑说，提取常见金属而不同时回收稀有金属，好像是从金子堆里拣马铃薯。但是，这种"金子堆里拣马铃薯"的工厂今天还很多。譬如：有一个铁矿，几百年来都是用来炼铁的。有一次，人们把通常用来铺马路的炼铁炉炉渣送到化验室里去分析，发现其中竟含有锆、钛、钒和稀土金属。于是，这个铁矿把矿石送去做矿物鉴定，最后证明：矿石在进高炉炼铁以前应该先选矿，把锆英砂、钛铁矿和独居石分出来，炼出的生铁在炼钢的时候还可以回收钒。这样所得的产值，比只把矿石炼成生铁要高出好几倍。

还有一个著名的有色金属矿，已经并采 1 000 多年了，但是直到现在才知道，除了过去提炼的有色金属外，矿石里竟含有十几种宝贵的成分，其中有不少稀有金属。如果不综合利用，让它们混在炉渣里，那真是绝大的浪费。

但是，要创造一个经济合理的综合利用方法，并不是一件简单的事情。它需要有丰富的知识，能够熟悉每一种成分的特征，还要了解冶炼过程中的化学变化原理。冶炼方法不但要经济，并且能够面面俱到，把各种成分分别提取出来。解决一个这样的问题，常常需要许多科学家工作好几年。

我们平常说的矿石，就是指经济上可以合算地提取金属的原料。譬如：含铁量要在30%以上的才算铁矿。可是对于铜来说，只要含千分之几的铜就算铜矿了。这倒不完全是因为铜比较贵，也因为发明了巧妙的处理贫铜矿的方法。

冶炼技术越进步，就越能够利用低品位的矿石。稀有金属虽然也有不少富矿，但是更大量的稀有金属却分散在各种原料里，因为含量太少，目前还不能称作"矿石"。但是，它们是稀有金属真正取之不尽的源泉。

譬如，海水里蕴藏着多种多样的金属，其中有许多是稀有金属。据估计，海水中含有：

锂 200 000 000 000 吨

铷 400 000 000 000 吨

铀 6 000 000 000 吨

钒 600 000 000 吨

钇 600 000 000 吨

海水中还有大约100亿千克黄金。曾经有一位化学家，想从海水中提炼黄金。尽管海水中的黄金总蕴藏量很大，单位体积中的含量，却是微乎其微的。这位化学家虽然炼出了黄金，但是成本比黄金还贵。

从海水中提取稀有金属，也会遇到同样的困难。难道真的就没有办法了

RENLEI ZAI HUAXUE SHANG DE TANZHI

吗？不见得。现在让我们先来看看生物界的一些趣事吧。

有一种植物叫做紫云英，能够从土壤里吸收稀有元素硒，它的灰里竟含硒15‰。有几种烟草，能够从土壤中吸收锂；海中的牡蛎能够从海水中吸收铜；海带能够从海水中吸收碘。我们所用的碘，就是从海带里提炼出来的，这实际上是从海水里间接提取碘。今天我们能够从煤里提炼锗，也正是几百万年前植物吸收锗的结果。

紫云英

如果我们能够把这个秘密研究清楚，在海带、牡蛎这一类生物那儿，学到从海水中提取微量元素的方法，或许就能够找到从海水中提取稀有金属的窍门了。

我们依靠生物学家的帮忙，也许真的会培育成几种能够吸收海水中稀有金属的动植物品种，那时候就可能出现一批冶金部门和水产部门合办的"养殖场"，同时也是一个稀有金属"矿"。也许还会有"生物冶金"这门新学科呢！

我们还可能发明各式各样神奇的冶金方法。譬如利用摄氏几万度的高温去提炼稀有金

海带

属。和这种高温比起来，今天通常是摄氏1 000多度的所谓"高温"，简直可以看成是"冷冻"的温度。在摄氏几万度的高温下，一切稀有金属都变成了气体，一切化学反应都另有一番景象，那时候或许就能够发现许多新的化学

现象和化合物。

几百年来，我们的化学家主要是研究常温和 1 000℃以下的化学现象。而 1 000℃以上的化学现象，到现在为止，还有许多空白点等待着我们去开发。

至于温度更高的化学现象，现在差不多还是一无所知，这里大有英雄用武之地。

近几年来，冶金新技术的发展真是"百花齐放，万紫千红"。譬如，已经发明了一种"离子交换膜"可以从较稀薄的稀有金属化合物溶液中，回收稀有金属。

这种膜有很强的"选择性"，它只允许溶液中指定的金属离子穿过。离子交换膜已经引起广大科学家的注意，可以这样说，现在对它的研究还只是刚开始哩！

你如果问：这是为什么？回答很简单：说不定明天会派大用场。再说，假使不研究清楚，又怎么能够知道它有什么用处呢？的确，过去几十年来这方面的教训已经够多的了。

当然，科学家设想许多稀有金属有着远大的前程，是有一定根据的。下面就来举一个例子：目前，人类已经进入了星际航行时代。我们能够制造每秒钟十几千米速度的火箭，已经能使我们登上月球，远征木星，但是要飞出太阳系，还有困难。

离我们最近的恒星叫泼洛克西玛，在半人马座 a 星附近，它距离地球大约是 4.27 光年。光年就是光在一年中所走的距离，大约等于 94 605 亿千米。4.27 光年的距离大约是 402 963 亿千米，如果用每秒钟 10 千米的火箭，差不多要 12 万年的时间才能够到达。假使我们的

太阳系

曾祖父坐上飞船，到了我们的玄孙的玄孙一代，还没有走完这段路程的 1% 呢！

这真是一个叫人不耐烦的长途旅行啊！

为了到宇宙深处去旅行，我们必须有一种比现在速度快得多的火箭。怎样实现这一点呢？科学家提出了不少大胆的设想，其中有一种叫做"离子火箭"。这种方案是用稀有金属铯制成离子，用电场来加速，造成喷气，这种喷气速度有可能接近光速。当然，要实现这种理想，还要克服不少困难。科学家还设想利用离子火箭开动"宇宙货船"，在地球和月亮之间运货。

我们可以满怀信心地说，在未来的年代里，稀有金属将会创造出更多的奇迹来。

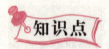

生 铁

生铁是含碳量大于2%的铁碳合金，工业生铁含碳量一般在2.5%～4%，并含C、Si、Mn、S、P等元素，是用铁矿石经高炉冶炼的产品。根据生铁里碳存在形态的不同，又可分为炼钢生铁、铸造生铁和球墨铸铁等几种。生铁性能：坚硬、耐磨、铸造性好，但质地脆，不能锻压。

延伸阅读

稀土用途

稀土是化学元素周期表中镧系元素——镧（La）、铈（Ce）、镨（Pr）、钕（Nd）、钷（Pm）、钐（Sm）、铕（Eu）、钆（Gd）、铽（Tb）、镝（Dy）、钬（Ho）、铒（Er）、铥（Tm）、镱（Yb）、镥（Lu），以及与镧系的15个元素密切相关的两个元素——钪（Sc）和钇（Y）共17种元素，称为稀土元素，简称稀土。稀土元素在石油、化工、冶金、纺织、陶瓷、玻璃、永磁材料等领域都得到了广泛的应用，随着科技的进步和应用技术的不断突破，稀土氧化物的价值将越来越大。

在军事方面

稀土有工业"黄金"之称，由于其具有优良的光电磁等物理特性，能与其他材料组成性能各异、品种繁多的新型材料，其最显著的功能就是大幅度提高其他产品的质量和性能。比如大幅度提高用于制造坦克、飞机、导弹的钢材、铝合金、镁合金、钛合金的战术性能。而且，稀土同样是电子、激光、核工业、超导等诸多高科技的润滑剂。稀土科技一旦用于军事，必然带来军事科技的跃升。从一定意义上说，美军在冷战后几次局部战争中压倒性控制，以及能够对敌人肆无忌惮地公开杀戮，正缘于稀土科技领域的超人一等。

在冶金工业方面

稀土金属或氟化物、硅化物加入钢中，能起到精炼、脱硫、中和低熔点有害杂质的作用，并可以改善钢的加工性能；稀土硅铁合金、稀土硅镁合金作为球化剂生产稀土球墨铸铁，由于这种球墨铸铁特别适用于生产有特殊要求的复杂球铁件，被广泛用于汽车、拖拉机、柴油机等机械制造业；稀土金属添加至镁、铝、铜、锌、镍等有色合金中，可以改善合金的物理化学性能，并提高合金室温及高温机械性能。

在石油化工方面

用稀土制成的分子筛催化剂，具有活性高、选择性好、抗重金属中毒能力强的优点，因而取代了硅酸铝催化剂用于石油催化裂化过程；在合成氨生产过程中，用少量的硝酸稀土为助催化剂，其处理气量比镍铝催化剂大 1.5 倍；在合成顺丁橡胶和异戊橡胶过程中，采用环烷酸稀土－三异丁基铝型催化剂，所获得的产品性能优良，具有设备挂胶少，运转稳定，后处理工序短等优点；复合稀土氧化物还可以用作内燃机尾气净化催化剂，环烷酸铈还可用作油漆催干剂等。

在玻璃陶瓷方面

稀土氧化物或经过加工处理的稀土精矿，可作为抛光粉广泛用于光学玻璃、眼镜片、显像管、示波管、平板玻璃、塑料及金属餐具的抛光；在熔制玻璃过程中，可利用二氧化铈对铁有很强的氧化作用，降低玻璃中的铁含量，以达到脱除玻璃中绿色的目的；添加稀土氧化物可以制得不同用途的光学玻璃和特种玻璃，其中包括能通过红外线、吸收紫外线的玻璃、耐酸及耐热的玻璃、防 X 射线的玻璃等；在陶釉和瓷釉中添加稀土，可以减轻釉的碎裂性，并能使制品呈现不同的颜色和光泽，被广泛用于陶瓷工业。

在新材料方面

稀土钴及钕铁硼永磁材料，具有高剩磁、高矫顽力和高磁能积，被广泛用于电子及航天工业；纯稀土氧化物和三氧化二铁化合而成的石榴石型铁氧体单晶及多晶，可用于微波与电子工业；用高纯氧化钕制作的钇铝石榴石和钕玻璃，可作为固体激光材料；稀土六硼化物可用于制作电子发射的阴极材料；镧镍金属是20世纪70年代新发展起来的贮氢材料；铬酸镧是高温热电材料；近年来，世界各国采用钡钇铜氧元素改进的钡基氧化物制作的超导材料，可在液氮温区获得超导体，使超导材料的研制取得突破性进展。

此外，稀土还广泛用于照明光源，投影电视荧光粉、增感屏荧光粉、三基色荧光粉、复印灯粉；在农业方面，向田间作物施用微量的硝酸稀土，可使其产量增加5%～10%；在轻纺工业中，稀土氯化物还广泛用于鞣制毛皮、皮毛染色、毛线染色及地毯染色等方面。

工业中的化学奇观

工业是现代社会的支柱，是世界经济的命脉。而化学工业更是工业体系中应用最广泛，占主要地位的过程工业。工业中的化学门类众多，包括基本化学工业和塑料、合成纤维、石油、橡胶、药剂、染料工业等。随着化学工业的发展，跨类的部门层出不穷，逐步形成酸、碱、化肥、农药、有机原料、塑料、合成橡胶、合成纤维、染料、涂料、医药、感光材料、合成洗涤剂、炸药、橡胶等门类繁多的化学工业。

化学工业是从 19 世纪初开始形成，并发展较快的一个工业部门。化学工业是属于知识和资金密集型的行业。随着科学技术的发展，它由最初只生产纯碱、硫酸等少数几种无机产品和主要从植物中提取茜素制成染料的有机产品，逐步发展为一个多行业、多品种的生产部门，出现了一大批综合利用资源和规模大型化的化工企业。

"塑料王" 之谜

聚四氟乙烯是一种新颖的塑料。在第二次世界大战期间才被发现，而正式生产还只是近几年的事。为什么聚四氟乙烯塑料被称为"塑料王"呢？

聚四氟乙烯的确不愧为"塑料之王",因为它不具有许多塑料所具有的优良性质:聚四氟乙烯在液态空气中不会变脆,在沸水中不会变软,从－269.3℃的低温(离绝对零度只差4℃)到250℃的高温,都可应用。聚四氟乙烯又非常耐腐蚀,不论是强酸强碱,如硫酸、盐酸、硝酸、王水、烧碱,还是强氧化剂,如重铬酸钾、高锰酸钾,都不能动它的半根毫毛。也就是说,它的化学稳定性超过了玻璃、陶瓷、不锈钢以至金子、铂。因为玻璃、陶瓷怕碱,不锈钢、金子、铂在王水中也会被溶解,然而,聚四氟乙烯在沸腾的王水中煮几十小时,依然如旧。聚四氟乙烯在水中不会被浸湿,也不会膨胀。据试验,在水中浸泡了一年,重量也没有增加,至今,人们还没发现,有任何一种溶剂,能够在高温下使聚四氟乙烯塑料膨胀。此外,聚四氟乙烯的介电性能也很好,它的介电性能既与频率无关,也不随温度而改变。

聚四氟乙烯制品

正因为聚四氟乙烯同时具有这么许多难能可贵的特性,使它特别受到人们的重视。在冷冻工业、化学工业、电器工业、食品工业、医药工业上得到了广泛的应用。人们已经开始用聚四氟乙烯来制造低温设备,用来生产贮藏液态空气;在化工厂里,聚四氟乙烯更是极受欢迎,用它制造耐腐蚀的反应罐、蓄电池壳、管子、过滤板;在电器工业上,在金属裸线外包上15微米厚的聚四氟乙烯就能很好地使电线彼此绝缘。另外,也用于制造雷达、高频通讯器材、短波器材等。

不过,聚四氟乙烯的成本比较高,加工比较困难,目前生产上还受到一定的限制。另外,在使用时要注意不要使聚四氟乙烯接触250℃以上的高温,因为在高温下,它会分解,放出剧毒的全氟异丁烯气体。全氟异丁烯不仅本身有毒,而且遇水后,会释放出氟化氢,它也是一种剧毒的气体。

知识点

王　水

　　王水又称"王酸""硝基盐酸"，是一种腐蚀性非常强、冒黄色烟的液体，是浓盐酸和浓硝酸组成的混合物，其混合比例从名字中就能看出：王，三横一竖，故盐酸与硝酸的体积比为3∶1。它是少数几种能够溶解金的物质之一，这也是它名字的来源。王水一般用在蚀刻工艺和一些检测分析过程中，不过塑料之王——聚四氟乙烯和一些非常惰性的纯金属如钽不受王水腐蚀。王水极易分解，有氯气的气味，因此必须现配现用。

延伸阅读

乙烯的生物作用

　　乙烯是由两个碳原子和四个氢原子组成的化合物。两个碳原子之间以双键连接。乙烯是合成纤维、合成橡胶、合成塑料（聚乙烯及聚氯乙烯）、合成乙醇（酒精）的基本化工原料，也用于制造氯乙烯、苯乙烯、环氧乙烷、醋酸、乙醛、乙醇和炸药等，尚可用作水果和蔬菜的催熟剂，是一种已证实的植物激素。

　　乙烯早在20世纪初就发现用煤气灯照明时有一种气体能促进绿色柠檬变黄而成熟，这种气体就是乙烯。但直至60年代初期用气相层析仪从未成熟的果实中检测出极微量的乙烯后，乙烯才被列为植物激素。而不能相反。乙烯广泛存在于植物的各种组织、器官中，是由蛋氨酸在供氧充足的条件下转化而成的。它的产生具有"自促作用"，即乙烯的积累可以刺激更多的乙烯产生。乙烯可以促进RNA和蛋白质的合成，在高等植物体内，并使细胞膜的透性增加，生长素在低等和高等植物中普遍存在。加速呼吸作用。因而果实中乙烯含量增加时，已合成的生长素又可被植物体内的酶或外界的光所分解，可促进其中有机物质的转化，加速成熟。乙烯也有促进器官脱落和衰老的作用。用乙烯处理黄化幼苗茎可使茎加粗和叶柄偏上生长。则吲哚乙酸通过酶促反应从色氨酸合成。乙烯还可使瓜类植物雌花增多，在植物中，促进橡胶树、漆树等排出乳汁。乙烯是气体，1934 年荷兰 F·克格尔等从人尿得到生长素的结晶，在田间应用不方便。它正是引起胚芽鞘伸长的物质。一种能释放乙烯的液体化合物 2 - 氯乙基膦酸（商品名乙烯利）已广泛应用于果实催熟、棉花采收前脱叶和促进棉铃开裂吐絮、刺激橡胶乳汁分泌、水稻矮化、增加瓜类雌花及促进菠萝开花等。

其他有害作用：该物质对环境有危害，对鱼类应给予特别注意。还应特别注意对地表水、土壤、大气和饮用水的污染。

石油气变身橡胶之谜

我们手中拿一块橡胶，就会感到它是具有弹性、韧性和强度高的物质。正因为橡胶有这种优良的性质，几乎每一个工业部门都需要橡胶制品，甚至很多生活制品也离不开它。随着工业的飞速发展，对橡胶的需要越来越广泛，天然橡胶已不能满足需要，人们便开始探索获取橡胶的新方法。从 19 世纪开始，人们经过许多次科学实验，逐渐认识橡胶是碳氢化合物，由丁二烯和异戊二烯分子所组成。

石油气储存罐

既然，橡胶能够分解成单体的丁二烯分子和异戊二烯分子，那么在一定温度和压力的条件下，将异戊二烯分子和丁二烯分子聚合就可以生成合成橡胶，也就是人造橡胶。我国现在已经能够生产氯丁橡胶、丁腈橡胶、丁钠橡胶、丁苯橡胶等各种合成橡胶。

人们从生产实践中，发现石油气体中含有良好的制造橡胶的原料。

从石油中提炼出汽油以后，其中余下一部分蒸馏气体，我们叫它石油气。石油气是含有各种有机碳氢化合物的气体。石油气再经过高温裂解、分离提纯，就能得到制造合成橡胶的各种气体：如乙烯、丁烯、丁烷、异丁烯、异戊烯、戊烯、异戊烷等等。乙烯在一定的条件下与水分子作用，可以合成乙醇；两个乙醇分子脱去水分子就生成丁二烯。丁烯和丁烷在高

橡胶制品

温下经过化学反应，同样可以生成丁二烯。丁二烯经过聚合就能变成丁钠橡胶。而丁二烯与苯乙烯共聚又能生成丁苯橡胶。丁二烯与丙烯腈共聚，则生成丁腈橡胶。同样，异戊烷和异戊烯通过高温裂解，可以生成异戊二烯；异戊二烯聚合就生成了异戊橡胶。现从石油气中可以提炼多种合成橡胶的原料。可见，合成橡胶不仅充分利用了丰富的石油工业资源，而且还具有比天然橡胶更优越的耐磨、耐热、耐寒、耐油、耐酸等性能。如丁苯橡胶比天然橡胶更耐磨；氯丁橡胶有极好的耐曲挠性能，可防火、耐酸、耐油；丁腈橡胶耐油性能更好。因此，合成橡胶是工农业生产、国防、科学研究十分重要的材料。

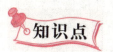

橡　胶

橡胶是提取自橡胶树、橡胶草等植物的胶乳，加工后制成的具有弹性、绝缘性、不透水和空气的材料。高弹性的高分子化合物。分为天然橡胶与合成橡胶两种。天然橡胶是从橡胶树、橡胶草等植物中提取胶质后加工制成；合成橡胶则由各种单体经聚合反应而得。橡胶制品广泛应用于工业或生活各方面。

延伸阅读

塑料的成分

塑料为合成的高分子化合物，又可称为高分子或巨分子，也是一般所俗称的塑料或树脂，可以自由改变形体样式。我们通常所用的塑料并不是一种纯物质，它是由许多材料配制而成的。其中高分子聚合物（或称合成树脂）是塑料的主要成分，此外，为了改进塑料的性能，还要在聚合物中添加各种辅助材料，如填料、增塑剂、润滑剂、稳定剂、着色剂等，才能成为性能良好的塑料。

1. 合成树脂

合成树脂是塑料的最主要成分，其在塑料中的含量一般在40%～100%。由于含量大，而且树脂的性质常常决定了塑料的性质，所以人们常把树脂看成是塑料的同义词。例如把聚氯乙烯树脂与聚氯乙烯塑料、酚醛树脂与酚醛塑料混为一谈。其实树脂与塑料是两个不同的概念。树脂是一种未加工的原始聚合物，它不仅用于制造塑料，而且还是涂料、胶黏剂以及合成纤维的原料。而塑料除了极少一部分含100%的树脂外，绝大多数的塑料，除了主要组分树脂外，还需要加入其他物质。

2. 填料

填料又叫填充剂，它可以提高塑料的强度和耐热性能，并降低成本。例如酚醛树脂中加入木粉后可大大降低成本，使酚醛塑料成为最廉价的塑料之一，同时还能显著提高机械强度。填料可分为有机填料和无机填料两类，前者如木粉、碎布、纸张和各种织物纤维等，后者如玻璃纤维、硅藻土、石棉、炭黑等。

3. 增塑剂

增塑剂可增加塑料的可塑性和柔软性，降低脆性，使塑料易于加工成型。增塑剂一般是能与树脂混溶，无毒、无臭，对光、热稳定的高沸点有机化合物，最常用的是邻苯二甲酸酯类。例如生产聚氯乙烯塑料时，若加入较多的增塑剂便可得到软质聚氯乙烯塑料，若不加或少加增塑剂（用量＜10%），则得硬质聚氯乙烯塑料。

4. 稳定剂

为了防止合成树脂在加工和使用过程中受光和热的作用分解和破坏，延长使用寿命，要在塑料中加入稳定剂。常用的有硬脂酸盐、环氧树脂等。

5. 着色剂

着色剂可使塑料具有各种鲜艳、美观的颜色。常用有机染料和无机颜料作为着色剂。

棉花爆炸之谜

棉花，是个斯斯文文的家伙，棉被里有棉花，棉袄里也有棉花，难道这些普普通通的棉花，可以变成炸药吗？

棉花真的可以做炸药。

按照化学成分来说，棉花几乎是纯净的纤维素。它与葡萄糖、麦芽糖、淀粉、蔗糖之类是"亲兄弟"——都是碳水化合物。

棉花容易燃烧，但是，燃烧时并不发生爆炸。可是人们把棉花（或棉籽绒）与浓硝酸和浓硫酸的混合酸作用后，就制成了炸药，俗名

棉 花

叫做火棉。这是因为硝酸好像是个氧的仓库，能供给大量的氧，足以使棉花剧烈地燃烧。

火棉燃烧时，要放出大量的热，生成大量的气体——氮气、一氧化碳、二氧化碳与水蒸气。据测定，火棉在爆炸时，体积竟会突然增大47万倍！火棉的燃烧速度也是令人吃惊的：它可以在几万分之一秒内完全燃烧。如果炮弹里的炸药全是火棉的话，那么，在发射一刹那，炮弹不是像离弦之箭似的从炮口飞向敌人的阵地，而是在炮筒里爆炸了，会把大炮炸得粉身碎骨。因此在火棉里还要加进一些没有爆炸性的东西，来降低它的爆炸速度。

炸药爆炸

你见过液态的氧气吗？在极低的温度、很高的压力下，无色无味的氧气会凝结成浅蓝色的液态氧气。把棉花浸在液态氧气里，就成了液氧炸药了。一旦用雷管起爆，爆炸起来，威力可不小。

棉花是很便宜的东西，液体氧也不太贵，自然，液氧炸药的成本也比较低廉。所以，液氧炸药与火棉可算是便宜的炸药了，被大量用来开矿、挖渠、修水库、筑隧道。经过硝酸或液氧处理的棉花，能成为人们移山造海的好助手。

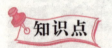

知识点

硝　酸

硝酸分子式 HNO_3，是一种有强氧化性、强腐蚀性的无机酸，酸酐为五氧化二氮。硝酸的酸性较硫酸和盐酸小，易溶于水，在水中完全电离，常温下其稀溶液无色透明，浓溶液显棕色。硝酸不稳定，易见光分解，应在棕色瓶中于阴暗处避光保存，严禁与还原剂接触。硝酸在工业上主要以氨氧化法生产，用以制造化肥、炸药、硝酸盐等，在有机化学中，浓硝酸与浓硫酸的混合液是重要的硝化试剂。

延伸阅读

炸药起源

炸药源于我国。至迟在唐代，我国已发明火药（黑色炸药），这是世界上最早的炸药。宋代，黑色炸药已被用于战争，它需要明火点燃，爆炸效力也不大。1831 年，英国人比克福德发明了安全导火索，为炸药的应用创造了方便。威力较大的黄色炸药源于瑞典。由瑞典化学家、工程师和实业家诺贝尔发明。1846 年，意大利人索布雷罗合成硝化甘油，这是一种爆炸力很强的液体炸药，但使用极不安全。1859 年后，诺贝尔父子对硝化甘油进行了大量研究工作，用"温热法"降服了硝化甘油，于 1862 年建厂生产。但炸药投产不久，工厂发生爆炸，父亲受了重伤，弟弟被炸死。政府禁止重建这座工厂。诺贝尔为寻求减少搬动硝化甘油时发生危险的方法，只好在湖面上一艘驳船上进行实验。一次，他偶然发现，硝化甘油可被干燥的硅藻土所吸附；这种混合物可安全运输。1865 年，他发明雷汞雷管，与安全导火索合用，成为硝化甘油炸药等高级炸药的可靠引爆手段。经过不懈的努力，他终于研制成功运输安全、性能可靠的黄色炸药——硅藻土炸药。随后，又研制成功一种威力更大的同一类型的炸药爆炸胶。约 10 年后，他又研制出最早的硝化甘油无烟火药弹道炸药。此后，各国的科学家们对更高级的炸药的研制从未间断，并取得了可喜的成果。炸药的用途越来越广阔。

神奇的塑料电镀

一般所说的电镀，是指在基体金属（如铁、铜等）上面镀上一层薄薄的金属（如铬、镍等），目的是为了增强各种金属物品的防腐性能、耐磨性能，同时使它们更美观。

随着我国社会主义建设事业的飞速发展，电镀的应用也越来越广，人们对于电镀的要求就不局限于在金属物品上镀金属，而考虑到也要在非金属物品上镀金属了。特别是塑料的广泛应用，过去的不少金属物品，现在大量地用塑料来代替，许多机械设备用塑料来做各种部件、零件，甚至原子能工业、火箭导弹、宇宙飞船也广泛应用塑料。还有各种精密仪器仪表的部件、零件以及飞机的外壳等等，都要采用塑料制品，这样做可以大量地节约有色金属，缩短加工工时，减轻产品的重量，又可以提高产品质量。但是要做到在塑料制品上面镀上金属，并不是一件容易的事情，因为塑料与金属材料不同，塑料不是导体，不像金属材料那样可以直接电镀。怎么

塑料电镀制品

办呢？工程技术人员发扬了敢想敢干敢闯的革命精神，"打破洋框框，走自己工业发展道路"，创造了在塑料上电镀的奇迹。首先把塑料制品进行"粗化"，就是说把塑料制品的表面弄得粗糙些，使它能够吸附一层易氧化的物质，再经过氧化还原反应，使塑料品的表面有一层贵金属膜，再通过"沉铜"，使塑料品的表面沉积出金属铜。这样一来，塑料的表面因为有了一层金属，可以作为导体，于是就可以像金属物品一样来进行电镀了，同样可以镀上铜、镍、铬，使塑料品披上一层光亮的金属"衣服"。这是工程技术人员通过无数次的试验所获得的成果。现在市场上供应的一种皮带，它的皮带扣就是用塑料制成并经过电镀的，从外表上看，根本看不出它是塑料制品哩！

知识点

镍

　　镍是化学元素之一，化学符号为 Ni，原子序数为 28，具磁性，属过渡金属。镍为银白色金属，密度 8.9 克/厘米³。熔点 1 455℃，沸点 2 730℃。化合价 2 和 3。电离能为 7.635 电子伏特。质坚硬，具有磁性和良好的可塑性。有好的耐腐蚀性，在空气中不被氧化，又耐强碱。在稀酸中可缓慢溶解，释放出氢气而产生绿色的正二价镍离子 Ni^{2+}；对氧化剂溶液包括硝酸在内，均不发生反应。镍是一个中等强度的还原剂。

延伸阅读

无形的杀手——大气污染概述

工业三废（废水、废气、废渣）的排放，汽车与其他交通运输工具的排气，农业退水和农药的污染，以及世界人口的剧烈膨胀、生活垃圾的剧增，都对地球环境造成了污染和破坏。水体变黑，空气污浊，风沙弥漫，地球在我们脚下呻吟……

污浊的空气犹如一只无形的杀手，越来越受到人们的关注。大气污染物主要包括悬浮在空气中的颗粒物质、含硫化合物（如 H_2S，SO_2）、含氮化合物（NO，NO_2，NH_3）、一氧化碳和二氧化碳、卤素化合物（HF、Cl_2）、未燃烧的有机化合物（烃、PAN、BaP）等，这些也是评价空气质量常测项目。

悬浮于空气中的颗粒物质主要来源于自然界的风沙尘土、火山爆发、森林火灾、海水喷溅以及人为的各种烟尘，如采矿过程中的粉碎、研磨、筛分、装卸及运输过程中散发的粉尘，建筑工地和交通运输等产生的烟尘等。北京大气的主要污染源有风沙土壤，煤炭燃烧，汽车燃油和二次污染。据测，大气颗粒中约有 39 种元素。

由于粉尘具有很强的吸附能力，能把 SO_2、氮氧化物、苯并芘（致癌物质）等吸附在表面。长期吸入粉尘颗粒，超过呼吸系统保护能力，肺部就会产生弥漫性的纤维组织增生，即日常所谓的尘肺病，如支气管炎、肺结核、肺气肿、肺心病等症，尤其接触镍尘和石棉粉尘的人，易引起肺癌等症。镉尘对人体危害的主要靶器官是肾和肺。

含硫污染物多数是硫化氢和二氧化硫。H_2S 是火山口放出的气体之一，具"臭鸡蛋"味，无色，纯品毒性几乎接近氰化氢。空气中含少量 H_2S 会引起头痛，含大量 H_2S 则引起心脏和肺神经中枢麻痹，会造成昏厥和死亡。SO_2 是一种刺激性气体，使呼吸系统生理功能减退，肺泡弹性减弱，引起支气管炎、哮喘、肺气肿等。SO_2 单独作用有限，但常和飘尘结合危害人体健康，伦敦型烟雾事故就是这个缘故。

污染大气的氮氧化合物主要是 NO、NO_2、N_2O、NO_3、N_2O_5 等，来源于

燃料燃烧、氮肥厂、化工厂和黑色冶炼厂的"三废"排放。其中，NO进入血液和红细胞反应而毒害血液，同时也作用于中枢神经而产生麻痹作用，引起痉挛、运动功能失调。NO_2能侵入到肺脏深处及肺毛细血管，引起肺水肿或阻塞性支气管炎而致死。有机物腐坏的地方及某些生产氨的工厂都会有氨的污染，氨污染的慢性中毒会产生消化功能障碍、慢性结膜炎、慢性支气管炎，有时伴有血痰、耳聋、食管狭窄等症状。

雨衣发明之谜

在英国苏格兰的一家橡胶工厂里，有一个名叫麦金杜斯的工人。

1823年的一天，麦金杜斯在工作时，不小心把橡胶溶液滴到了衣服上。他发现后，赶紧用手去擦，谁知这橡胶液却好像渗入了衣服里，不但没有擦掉，反而涂成了一片。可是，麦金杜斯是个穷苦的工人，他舍不得丢弃这件衣服，所以仍旧穿着它上下班。

不久，麦金杜斯发现：这件衣服上涂了橡胶的地方，好像涂了一层防水胶，虽然样子难看，却不透水。他灵机一动，索性将整件衣服都涂上橡胶，结果就制成了一件能挡雨水的衣服。有了这件新式衣服后，麦金杜斯再也不愁老天下雨了。

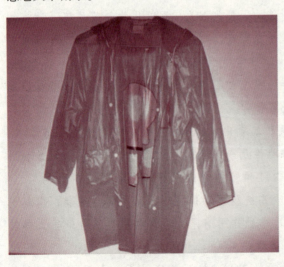

雨　衣

这件新奇的事儿很快就传开了，工厂里的同事们知道后，也纷纷效仿麦金杜斯的做法，制成了能防水的胶布雨衣。

后来，胶布雨衣的名声越来越大，引起了英国冶金学家帕克斯的注意，他也兴趣盎然地研究起这种特殊的衣服来。帕克斯感到，涂了橡胶的衣服虽然不透水，但又硬又脆，穿在身上既不美观，也不舒服。帕克斯决定对这种衣服作一番改进。

没想到，这一番改进竟花费了十几年的功夫。到1884年，帕克斯才发明了用二硫化碳做溶剂，溶解橡胶，制作防水用品的技术，并申请了专利权。为了使这项发明能很快地应用生产，转化为商品，帕克斯把专利卖给了一个叫查尔斯的人。以后便开始大量地生产雨衣，"查尔斯雨衣公司"的商号也很快风靡全球。

不过，人们并没有忘记麦金杜斯的功劳，大家都把雨衣称作"麦金杜斯"。直到现在，"雨衣"这个词在英语里仍叫做"麦金杜斯"。

二硫化碳

二硫化碳，无色液体。实验室用的纯二硫化碳有类似氯仿的芳香甜味，但是通常不纯的工业品因为混有其他硫化物（如羰基硫等）而变为微黄色，并且有令人不愉快的烂萝卜味。它可溶解硫单质。二硫化碳用于制造人造丝、杀虫剂、促进剂等，也用作溶剂。

涂　料

涂料，我们平常所说的油漆只是其中的一种，指涂布于物体表面在一定的条件下能形成薄膜而起保护、装饰或其他特殊功能（绝缘、防锈、防霉、耐热等）的一类液体或固体材料。因早期的涂料大多以植物油为主要原料，故又称作油漆。现在合成树脂已大部分或全部取代了植物油，故称为涂料。涂料并非液态，粉末涂料是涂料品种一大类。

涂料属于有机化工高分子材料，所形成的涂膜属于高分子化合物类型。按照现代通行的化工产品的分类，涂料属于精细化工产品。现代的涂料正在逐步成为一类多功能性的工程材料，是化学工业中的一个重要行业。

作用主要有 4 点：保护，装饰，掩饰产品的缺陷和其他特殊作用，提升产品的价值。

新中国成立 60 多年来，伴随着国民经济各行业的发展，作为为其配套的涂料工业从一个极不引人注目的小行业逐步发展成为国民经济各领域必不可少的重要行业。经过几代人的顽强拼搏、开拓进取，我国已成为世界第二大涂料生产国和消费国，进入到世界涂料行业发展的主流。主要成分：

1. 成膜物质。是涂膜的主要成分，包括油脂、油脂加工产品、纤维素衍生物、天然树脂和合成树脂。成膜物质还包括部分不挥发的活性稀释剂，它是使涂料牢固附着于被涂物面上形成连续薄膜的主要物质，是构成涂料的基础，决定着涂料的基本特性。

2. 助剂。如消泡剂、流平剂等，还有一些特殊的功能助剂，如底材润湿剂等。这些助剂一般不能成膜，但对基料形成涂膜的过程与耐久性起着相当重要的作用。

3. 颜料。一般分两种，一种为着色颜料，常见的钛白粉、铬黄等，还有一类为体质颜料，也就是常说的填料，如碳酸钙、滑石粉。

4. 溶剂。包括烃类溶剂（矿物油精、煤油、汽油、苯、甲苯、二甲苯等）、醇类、醚类、酮类和酯类物质。溶剂和水的主要作用在于使成膜基料分散而形成黏稠液体。它有助于施工和改善涂膜的某些性能。

铁蓝染料的发现之谜

几百年前，德国的化学工业居世界前列，但是在染料的制造上，却不及英国。为此，德国化学家李比希决定去英国进行考察。

在英国一家生产普鲁士蓝的工厂里，一口口巨大的铁锅架在火上，里边的原料沸腾着，又热又熏人。可是，工人们却不顾这些，拿着大铁铲在锅里使劲地搅动，铁铲与铁锅的剧烈摩擦声异常刺耳。李比希感到有点受不了，便对一位师傅说："干吗要这样用力搅呢？""知道吗，诀窍就在这里，搅得越厉害，染料的质量就越好。"说着，那位师傅又使劲地搅动起来。起初，李比希感到好笑。可是转而一想，这家工厂生产的染料的确是全欧洲最好的，其中必有缘故，也许奥秘真的在这刺耳的响声里呢。

回到住所后，李比希又仔细地回想着白天的情景，他想："用力搅动铁锅，会使溶液更均匀，反应更完全。这是毋庸置疑的。不过，用力搅动时，刺耳的声音说明铁铲与铁锅在相互摩擦，摩擦时会怎么样？会磨下铁粉的。对！问题的关键恐怕就在这里。"

第二天一早，李比希便匆匆赶回柏林自己的实验室里。他在染料溶液中加进一些含铁的化合物，反应立刻变得剧烈起来，得到的染料颜色也十分纯正，一点不亚于英国生产的染料。

"奥秘原来在这里！"李比希开心极了。其实，这里的道理也很简单。普鲁士蓝又称铁蓝，它的主要成分是亚铁氰化钾。加入铁和铁的化合物后，当然有助于染料的生成了。

李比希在人们习以为常的现象里，能够从另一个角度想问题，因而发现了问题的关键。很快，德国也生产出了高质量的染料，而且在生产时无须用力搅动，工人也不用再忍受那刺耳的响声了。

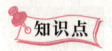

知识点

染　料

染料是能使纤维和其他材料着色的物质，分天然和合成两大类。染料是有颜色的物质。但有颜色的物质并不一定是染料。作为染料，必须能够使一定颜色附着在纤维上。且不易脱落、变色。1856 年 Perkin 发明第一个合成染料——马尾紫，使有机化学分出了一门新学科——染料化学。20 世纪 50 年代，Pattee 和 Stephen 发现含二氯均三嗪基团的染料在碱性条件下与纤维上的羟基发生键合，标志着染料使纤维着色从物理过程发展到化学过程，开创了活性染料的合成应用时期。目前，染料已不只限于纺织物的染色和印花，它在油漆、塑料、纸张、皮革、光电通讯、食品等许多部门得以应用。

延伸阅读

普鲁士蓝的来历

普鲁士蓝，又名柏林蓝、贡蓝、铁蓝、亚铁氰化铁、中国蓝、滕氏蓝、密罗里蓝、华蓝。是一种古老的蓝色染料，可以用来上釉和做油画染料。

18世纪有一个名叫狄斯巴赫的德国人，他是制造和使用涂料的工人，因此对各种有颜色的物质都感兴趣，总想用便宜的原料制造出性能良好的涂料。

有一次，狄斯巴赫将草木灰和牛血混合在一起进行焙烧，再用水浸取焙烧后的物质，过滤掉不溶解的物质以后，得到清亮的溶液，把溶液蒸浓以后，便析出一种黄色的晶体。当狄斯巴赫将这种黄色晶体放进三氯化铁的溶液中，便产生了一种颜色很鲜艳的蓝色沉淀。狄斯巴赫经过进一步的试验，这种蓝色沉淀竟然是一种性能优良的涂料。该反应方程式为：

$$3K_4Fe（CN）_6 + 4FeCl_3 \rightarrow Fe_4[Fe（CN）_6]_3 + 12KCl$$

狄斯巴赫的老板是个唯利是图的商人，他觉察到这是一个赚钱的好机会，于是，他对这种涂料的生产方法严格保密，并为这种颜料起了个令人捉摸不透的名称——普鲁士蓝，以便高价出售这种涂料。德国的前身普鲁士军队的制服颜色就是使用该种颜色，以至1871年德意志第二帝国成立后相当长一段时间仍然沿用普鲁士蓝军服，直至第一次世界大战前夕才更换成土灰色。直到20年以后，一些化学家才了解普鲁士蓝是什么物质，也掌握了它的生产方法。原来，草木灰中含有碳酸钾，牛血中含有碳和氮两种元素，这两种物质发生反应，便可得到亚铁氰化钾，它便是狄斯巴赫得到的黄色晶体，由于它是从牛血中制得的，又是黄色晶体，因此更多的人称它为黄血盐。它与三氯化铁反应后，得到六氰合铁酸铁，也就是普鲁士蓝。

▌▌ "神水" 治病之谜

距今300多年前，在意大利的那布勒斯城里，有位21岁的德国青年正在那里旅行。他叫格劳贝尔，后来成了一名化学家和药物学家。

　　格劳贝尔因为家境贫寒，没有进大学深造的条件，他便决定走自学成才的路。格劳贝尔刚刚成年时，他就离开家，到欧洲各地漫游，他一边找活儿干，一边向社会学习。可是很不幸，格劳贝尔在那布勒斯城得了"回归热"病。疾病使他的食欲大减，消化能力受到严重损害。看到格劳贝尔一天比一天虚弱，却又无钱医治，好心的店主人便告诉他：在那布勒斯城外约 10 千米的地方，有一个葡萄园，园子的附近有一口井，喝了井里的水可以治好这种病。格劳贝尔被疾病折磨得痛苦不堪，虽然半信半疑，还是决定去试试。奇怪的是，他喝了井水后，突然感到想吃东西了。于是，他一边喝水，一边吃面包，最后居然吃下去一大块面包。不久，格劳贝尔的病就痊愈了，身体也强壮起来。回到家里，他便把这件稀奇事告诉了亲友。大家都说这一定是神水，天主在保佑他呢！格劳贝尔自然是不相信这一套的，可究竟该怎么解释呢？

　　这件事像是有股魔力，时时缠绕着格劳贝尔。一天，他终于耐不住，又去了那布勒斯一趟，取回了"神水"。整整一个冬天，格劳贝尔哪儿也没去，关起门来一心研究着"神水"。他在分析水里的盐分时，发现了一种叫芒硝的物质，格劳贝尔认为，正是芒硝治好了自己的病。于是格劳贝尔紧紧抓住芒硝这一物质进行了大量研究，了解到它具有轻微的致泻作用，药性平和。由于人们历来就有一种看法，认为疏导肠道通畅对身体健康有极大好处，所以格劳贝尔认为自己得到了医药上重大的发现，把它称为"神水"、"神盐"，后来还把它称为"万灵药"，他相信自己的病就是喝这种"神水"治好的。

这是大约发生在 1625 年前后的事，化学还没有成为一门科学，格劳贝尔对万灵药的兴趣还带有炼金术士的色彩。1648 年，格劳贝尔住进一所曾经被炼金术士住过的房子，把那个地方变成了一所化学实验室，在实验室里设置了特制的熔炉和其他设备，用秘方制出了各种化合物当作药物出售，其中包括

芒硝晶体

我们现在称为丙酮、苯等液态有机物。

格劳贝尔不愧是一位启蒙化学家。至于格劳贝乐当年发现的"万灵药"芒硝，现在已经弄清楚，它是含 10 个结晶水的硫酸钠。硫酸钠在医学上一般用做轻微的泻药，更多的用途是在化工方面：玻璃、造纸、肥皂、洗涤剂、纺织、制革等，都少不了要用大量的硫酸钠；冶金工业上用它作助熔剂；硫酸钠还可用来制造其他的钠盐。

瞧，要是当初格劳贝尔痊愈后，以为万事大吉，不再去深追细究，哪里会有以后的这许多发现呢！为了纪念格劳贝尔的功绩，人们也把芒硝称为"格劳贝尔盐"。应该说明的是，关于芒硝的医药效能，早在我国汉代张仲景的医著《伤寒论》和《金匮要略》，还有晋代陶弘景的《名医别录》中都有记载。所以，要说最早发现芒硝有医药效能的还应该是我们中国人。只可惜我们未能用现代科学的方法对它做进一步的研究。

知识点

芒　硝

芒硝，别名十水合硫酸钠（$Na_2SO_4 \cdot 10H_2O$）。芒硝一种分布很广泛的硫酸盐矿物，是硫酸盐类矿物芒硝经加工精制而成的结晶体。可以主治破痞，温中，消食，逐水，缓泻。用于胃脘痞，食痞，消化不良，浮肿，水肿，乳肿，闭经，便秘。在干旱地区，常可以见到由它们形成的盐华及皮壳。盐湖、盐泉和干盐湖是形成芒硝的地方。

延伸阅读

牙膏的成分与作用

人们每天起床后，第一件事便是刷牙、洗脸。一夜过后，口腔里很不好受，甚至还会有不良的气味。这是什么缘故呢？主要是因为口腔里的温度、湿度都很适合细菌的繁殖，吃进去的食物残渣，嵌在牙缝里发酵腐败造成的。

食物腐败时，还会产生酸液腐蚀牙齿，所以，吃饭后必须及时刷牙、嗽口才卫生，并能使口腔感到舒适。

刷牙必须使用牙膏，因为残留在口腔中的食物能够牢固地附着在牙齿的表面，必须借助于牙膏中的摩擦剂和洗涤剂才能把牙刷干净，使牙齿光亮美观，用牙膏刷牙，还可以清除口臭和防治口腔疾病。牙膏为什么有这些作用呢？这得从牙膏的成分谈起。牙膏是由多种无机物和有机物组成的，它包括摩擦剂、洗涤泡沫剂、黏合剂、保湿剂、甜味剂、芳香剂和水分。近几年来，在牙膏中还加入了各种药物，制成多种药物牙膏。一支好的牙膏，轻轻一挤，就冒出洁白润滑的膏体。它应有高雅的香味，适度的甘甜，细腻的口感和充分的泡沫。摩擦剂是牙膏的主体，常用的摩擦剂有碳酸钙、磷酸氢钙，用量在30%～55%之间。为了增加去污效果，里面还需加入洗涤泡沫剂十二醇硫酸钠，用量在2%～3%左右。牙膏能洁白牙齿主要靠这两种成分的作用。摩擦剂具有一定的摩擦力，洗涤泡沫剂具有洗涤和发生泡沫的作用，二者结合起来加上牙刷的作用，就能把牙齿表面的污垢刷去，使牙齿洁白如玉。牙膏中添加香料（如薄荷、留兰香等），不仅在使用时有清爽芳香之感，还有杀菌作用，清除口腔中的细菌，防止膏体腐败。为使牙膏口感良好，还得加些糖精作甜味剂。这样，刷牙之后，口腔就会感觉凉爽舒适，并带有甜丝丝的芬芳。选用什么样的牙膏为好呢？这得根据各人情况而异。如果牙齿坚固、洁白，选用牙膏一般从香型上考虑；如果牙齿的白度不理想，或者有牙锈和喜欢吸烟、喝茶的人，宜用以天然碳酸钙作摩擦剂的牙膏，或者用含磷牙膏和加酶牙膏；有口臭的人，宜用美加净或叶绿素牙膏；如果防治牙病，则要对症选用适宜的药物牙膏，例如龋齿，最好用含氟化锶、氟化钠的牙膏；牙齿遇冷热酸甜感到酸麻不适的，可用防酸脱敏牙膏；牙齿常肿痛出血，宜选用有消炎止痛作用的中草药牙膏等。药物牙膏既有清洁口腔和牙齿的作用，又能起到预防和治疗牙病的作用，因而受到消费者的普遍欢迎，产量亦居首位。我国中草药资源丰富、种类繁多，用以配制药物牙膏，药性平和，很少副作用，是得天独厚的。虽然牙膏能够清洁口腔，但如果再养成良好的卫生习惯，饭后用清水嗽口，尤其是睡觉前刷一次牙，将牙缝里残存的食物清除掉，以免食物残渣夜间在口腔内腐败而产生气味和腐蚀牙齿，避免牙垢的沉积，那就更合乎卫生要求了。

二氧化碳与化学化工用途

碳在自然界中分布极广，在煤炭、石油、天然气、植物、动物、石灰石、白云石、水和空气中，碳最终几乎全部转化为二氧化碳。地球上所蕴藏的煤炭、石油等矿物约含碳 10^{13} 吨，可以转化成 4×10^{13} 吨 CO_2，而大气中和水中则含有 4×10^{14} 吨 CO_2，碳酸盐也可转化成 4×10^{16} 吨 CO_2。现在由于工业的发展，大量开采煤炭、石油等资源，它们作为能源而不断被消耗的同时，使大气中 CO_2 的含量与日骤增。每年全世界排出的二氧化碳量高达 200 亿吨，其中发电厂排出 CO_2 的量约占 27%，由工厂排出的占 33%，机动车排出的占 23%，一般家庭排出的占 17%。这样多的 CO_2 尽管有植物的不断吸收，但大气中的 CO_2 的含量还是不断增加。大气中二氧化碳浓度的不断增加，一是会加剧"温室效应"；二是生态平衡遭到严重破坏，引起一系列生态环境问题；三是大量消耗煤炭、石油、天然气等燃料，引起资源短缺，而且这三方面问题是互相影响互相牵制的。为了彻底解决上述问题，人类开始把"使二氧化碳变害为利"提到议事日程上来。要使 CO_2 变害为益，必须从以下几个方面实现更大的突破。

在现实生活中，人们普遍认识到二氧化碳有害的一面，而忽视了它可利用的一面。其实二氧化碳的应用是相当广泛的。

二氧化碳是一种良好的萃取剂。在常态下，它对液体和固体的溶解能力非常低，但随着压力和密度的增加，其溶解能力逐渐提高，尤其是对有机化合物的溶解更为明显。在亚临界温度条件下它与甲醇等许多有机溶剂混溶性良好，而与水的互溶性很小，它与萃取出的有机物相比，其挥发度大、黏度低、扩散系数高并且有一定的溶解选择性和化学稳定性，而且不燃，无毒无爆炸危险。因此，发达国家广泛利用二氧化碳进行食品、饮料、油料、香料、药物等的加工萃取。

二氧化碳是良好的制冷剂。固体二氧化碳具有比冰块更有效的制冷效能。干冰（CO_2）的升华潜热是 590.34J/g，而冰的升华潜热是 333.56J/g，此外，它比冰的制冷温度低 50 多摄氏度，吸热后即升华为气体逸出。当固体二氧化碳加热至 $-17.8℃$ 时，其中原有的总有效制冷效能还有 86% 留于二氧化碳

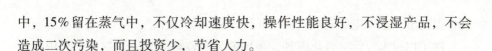

中，15%留在蒸气中，不仅冷却速度快，操作性能良好，不浸湿产品，不会造成二次污染，而且投资少，节省人力。

二氧化碳作为一种质优价廉，资源丰富的原料可用于蔬菜、瓜果的保鲜贮藏。目前，二氧化碳气体冷藏已在欧美、日本、澳大利亚等国家用于对苹果、梨、香蕉、柑橘和一些热带水果的贮藏。

二氧化碳气调法利用改变普通空气的成分降低空气中氧气的分压从而提高二氧化碳的分压，并使这两种气体相对稳定于一定分压下以达到抑制瓜果的呼吸强度，减弱其新陈代谢阻止发芽，延缓后熟老化作用。同时，二氧化碳还有"静菌"作用，可抑制微生物的活动。因此二氧化碳作为一种不添加任何防腐剂的保鲜物质，是一种相当好的保鲜方法，据报道，美国可将苹果贮藏219天，日本可将柑橘贮藏120天。

二氧化碳还可用于粮食的贮存，它比通常所用的熏蒸剂效果更好，如美国艾尔科大米公司试验结果表明：二氧化碳能穿透500吨大米的贮存库。在通入该气体24小时后发现，供试验用的大米里生长的成虫死亡99%，研究还表明，该气体不仅有优异的杀虫灭鼠性能，而且防潮防霉，可省去翻晒所需的大量人力物力。

在医疗卫生方面，二氧化碳是一种良好的呼吸刺激剂，将6%的CO_2与96%的O_2混合，是治疗一氧化碳中毒、溺水和休克的标准药物，这种混合剂在麻醉和碱中毒的处理中也可作为一种增效剂。

在石油工业上，二氧化碳已被用于提高石油的采油率上，二氧化碳作为油田注入剂可有效地驱油，它溶于水又易溶于原油，溶于水后呈弱酸性，可对灰岩油矿起酸化作用，使其渗透率增加，吸水能力提高，而溶于原油后，它可使原油体积膨胀，密度和黏度降低，这样便有可能减少重力分离的不利影响，另外，二氧化碳与地层中的原油相混合，还可以蒸发或萃取原油中的某些烷烃组分。其次，二氧化碳萃取原油中的某些烷烃组分。再次，二氧化碳可作为油田洗井剂，这主要是利用其气化迅速，体积急剧膨胀的特性，二氧化碳产生的气压迅速向流体各个方向传递，以激浪冲击井下裂隙冲刷破坏泥皮，并随即以井喷形式将被清洗的堵塞物带出。

地热资源是当前能源开发的重大课题，低温和较低温区的地下热能丰富，其最大的难题是利用地下热水发电时工作介质不理想，国际上曾用氟利昂和异丁烷等试验均不成功，而罗马尼亚另辟新途，用二氧化碳作工作介质，利用低温地下热水发电已获得成功，并转入国家发电网。

除了用树木吸收二氧化碳外，美国的另一位科学家里维尔提出利用浮游生物的光合作用来使二氧化碳变害为宝，浮游生物是一种单细胞植物，像一切植物一样，能利用太阳能将二氧化碳、水和痕量的营养物结合生成有机物，于是每一个 CO_2 分子中的碳原子便扎根在浮游生物体内，如果浮游生物在被其他海洋生物吃掉之前死去，那么大量 CO_2 中的碳伴随死去的浮游生物一起沉到海底，从此便成为安全的资源，即所谓碳沉积。

美国戈尔登科罗拉多太阳能研究所在 1988 年发现，一些藻类植物含有丰富的石油成分，这给他们以极大的启发。于是用一个直径 20 米的池塘培植海藻，一年之中收获海藻 4 吨，从中提炼出 300 多升燃油。

1989 年，日本一家公司在美国研究成果的启发下提出了利用绿藻将二氧化碳转化为石油的设想。他们发现一种单细胞藻类植物，能吸收大量二氧化碳生成石油。

进入 90 年代后，利用海藻和二氧化碳生产石油的研究又有了新的进展。在英国布里斯托尔的英格兰西部大学的科学家保尔·詹金斯及其同事，开始研究一种新的海藻燃料，他们把注意力放在更普通的小球藻上，采用一种特制的装置放在池塘中，把小球藻打捞过滤后，不用提炼，直接用于发动机中燃烧发电，其排出的二氧化碳废气被泵回到小球藻养殖池中，促使小球藻生长。实验证明，如果在池塘中吹进二氧化碳气泡，可使其中的藻类数量一天内增加 4 倍，这样的生长速度是赤道热带雨林的好几倍。

可以预料，经过科学家们的不断努力，用 CO_2 生产石油会逐渐进入大规模化。产业革命前，大自然碳资源平衡体系，维持了相当长的历史阶段，主要是光合作用，细菌的腐败作用，碳化物的燃烧作用，它们的进行速度几乎是相当的或者说比较接近的。因此一直处于平衡状态。这一过程即使有些微小变化，对人类的生存和社会发展也还未产生明显影响，尤其在产业革命前。

产业革命后，世界经济飞速发展，能耗剧增，大大加速了石油、煤炭的消耗速度，致使大气中二氧化碳不断增加；同时，森林大量砍伐，植被备遭破坏，致使光合作用减慢，整个生态环境日渐变坏，大气污染，水质下降，气温逐年增加，海平面上升等。为了彻底解决上述问题，人们除就地利用 CO_2，借助加速植物光合作用用来消除部分 CO_2 外，正积极研究开发更为有效的措施——建立新的 CO_2 平衡体系。

二氧化碳新的平衡体系，关键在于把它作为"潜在的碳资源"建立新的有机合成工艺路线，将它用现代工业方法转化成有机工产品。研究表明，二氧化碳可催化加氢，合成甲烷、甲醇、乙醇及其他醇类，还可合成甲酸及其衍生物，也可直接合成烃类或者先转化成一氧化碳，再通过费—托合成法合成烃类等产品，在二氧化碳催化加氢的产物中，甲醇以及甲烷和其他烃类都可作为燃料，替代现行采用的石油作为能源的一部分。甲醇、甲烷及其他烃类（特别是 $C_2 \sim C_5$ 的低级烃类和含 C_6 以上的汽油馏分）是有机化工的重要和原料，据估计，本世纪以二氧化碳为原料，实现工业化规模的有机合成产品和工艺路线，将有 40% 以上取代现行的以石油为原料的有机化工产品，这样就为建立二氧化碳新的平衡体系奠定了基础。

建立这种新的平衡体系，必须解决下列 3 个主要问题：

首先是 CO_2 的分离和浓缩，CO_2 的分离浓缩可以采用物理方法、化学方法和膜分离技术。物理吸收法适用于分离发电厂排出的大量 CO_2。美国采用化学方法吸收 CO_2，以有机胺（如乙醇胺、二乙醇胺、三乙醇胺等）作溶剂，分离浓缩 CO_2，每年可降低约 10% CO_2 的排放量。膜分离技术是节能高效的方法，目前还处于试验阶段。

其次是 H_2 来源问题，因为由 CO_2 转化为烃类醇类等，必须加氢。当前，可以采用煤炭、甲烷或石油通过水蒸气转化制氢，将来可利用太阳能或原子能通过电解水而获得廉价的 H_2。

第三是催化剂的研究。通过大量研究表明 CO 催化加氢合成甲醇的反应，采用 Cu – Zn – Cr – Al – Pd 等复合催化剂，在反应温度为 250℃，反应压力为 50 大气压的条件下，CO_2 的转化成甲醇的转化率为 21.2%，另外，为了通过二氧化碳催化加氢合成甲烷及其他低级烃类，目前已有多种方法：例如，采用 Ru/SiO_2 催化剂，在反应温度为 233℃，反应压力为 11 个大气压的条件下，二氧化碳有转化率 9.9%，采用 Zn – Cr 复合催化剂，在 320℃、21 个大气压的条件下，二氧化碳的转化率为 17%。

近年来，国外采用过渡金属氧化物或合金氧化物作为催化剂，大大地提高了二氧化碳的转化率，例如用 WO_3 作催化剂，在 700℃时催化加氢，二氧化碳的总转化率可达到 69.9%，其中还原成碳的转化率 27.6%。

知识点

甲　醇

　　甲醇系结构最为简单的饱和一元醇，化学式 CH_3OH。又称"木醇"或"木精"。是无色有酒精气味易挥发的液体。有毒，误饮 5~10 毫升能双目失明，大量饮用会导致死亡。用于制造甲醛和农药等，并用作有机物的萃取剂和酒精的变性剂等。通常由一氧化碳与氢气反应制得。

延伸阅读

体内二氧化碳浓度过高可引起濒死体验

　　据国外媒体报道，一些昏迷甚至心跳暂停的患者表示，他们看到自己的生活就像放电影一样从他们眼前飞过；其他一些人则说有种灵魂出窍的漂浮感或很强的平静感。这就是所谓的濒死体验。现在科学家认为，他们已经能够解释众多患者为何会在手术台上产生濒死体验了。

　　一项针对心脏病发作受害者的研究发现，这些体验与血液中二氧化碳的含量过高有关。在心脏停搏过程中，有 1/5 心脏停止跳动的人称，他们产生了一种与众不同的体验。其中包括感觉很平静、沿着隧道奔向光明和遇到死去的人等。据研究人员说，之所以会产生这种感觉，可能是因为体内过高的二氧化碳改变了大脑的化学平衡，"诱使"它产生幻觉。

　　他们对 52 名心脏停跳后又恢复健康的人进行研究。斯洛文尼亚科学家说，呼出的气体里和动脉里所含的二氧化碳浓度更高的那些人，产生不同寻常的体验的可能性更大。在心脏停搏的过程中，一旦一个人的心脏停止跳动，他会在几秒内失去意识。然而大脑会在接下来的几分钟内仍保持活跃状态，而不会受到损伤。科学家认为，在这期间他会产生"灵魂出窍"的感觉。

　　英国南安普敦大学专家萨姆·帕尼亚博士表示，二氧化碳浓度很高可能意味着患者苏醒的机会很大，医生应该确保流向患者大脑的血流畅通。如果一名患者拥有很好的苏醒条件，那么他记住灵魂出窍体验的可能性更大。

葡萄酒桶里的硬壳之谜

1770 年的夏季，瑞典的天气异常炎热。有一天，斯德哥尔摩城里的沙兰伯格药房，运进了几大桶葡萄酒。工人们正把沉重的酒桶从马车上卸下来，这时，药房里一位年轻的药剂师走了过来。他打开桶盖，仔细看了看。葡萄酒质量是上等的，只是经过一路太阳的暴晒，桶壁上结了厚厚的一层淡红色的硬壳。

"咦，这是什么东西？"

显然，这硬壳引起了药剂师的兴趣，他刮下了一些硬壳，拿回自己的房间。

这位药剂师名叫舍勒，他从 15 岁开始到药房当学徒。舍勒没有进过大学，但他勤奋好学，对化学特别感兴趣，喜欢动手做各种实验。他利用沙兰伯格药房的丰富藏书和工作的便利条件，自学了许多化学家的著作，还亲自动手检验了不少物质的化学性质。

晚上，舍勒兴冲冲地喊来了他的朋友莱齐乌斯。莱齐乌斯是位年轻的大学生，同舍勒有着相同的志趣和爱好，他们经常在一起讨论问题，做各种实验。舍勒拿出从酒桶里刮下的硬壳，他们用加热的办法把硬壳溶解在硫酸里，等冷却后便析出一种晶莹透明的晶体。

咦！这淡红色的硬壳是什么？

看着这块晶体，舍勒和莱齐乌斯琢磨开了：这玩艺到底是什么东西呢？它的味道是甜的，还是苦的？舍勒想，这东西既然是从葡萄酒的沉淀物中提取出来的，大概不至于有毒。他决定亲口尝一尝，便拿起一块晶体，用舌头轻轻舔了舔，嗯，原来它既不是甜的，也不是苦的，而是有一种类似酸葡萄的味道。他们又把晶体溶解在水里，经过几次实验，发现它有许多酸的性质。于是，舍勒和莱齐乌斯便给它取名为"酒石酸"。

酒石酸提取成功后，两位年轻人兴致勃勃地将他们的发现写成论文，寄给了瑞典皇家科学院。谁知道，世俗的观念使这两个无名小辈的研究成果遭到冷遇，他们的论文被搁置在一旁，无人问津。

　　舍勒等了很久，没有接到皇家科学院的答复。不过，他并没有因此灰心。舍勒想，自然界的植物中，一定还有许多不为人知的酸。于是，他按照发现酒石酸的方法，从植物中提取了许多种酸。1776年，他制得草酸；1780年，制得乳酸和尿酸；1784年，制得柠檬酸；1785年，制得苹果酸。至于他们最早发现的酒石酸，并没有长期被埋没，它后来主要被用于食品工业，如制造饮料：酒石酸还可与多种金属离子结合，做金属表面的清洗剂和抛光剂。

　　瞧，这一个接一个的成功，不都来自于偶然沉淀在葡萄酒桶里的硬壳吗？

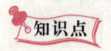
知识点

草　酸

　　草酸，即乙二酸，最简单的二元酸。结构简式HOOCCOOH。它一般是无色透明结晶，对人体有害，会使人体内的酸碱度失去平衡，影响儿童的发育，草酸在工业中有重要作用，草酸可以除锈。草酸遍布于自然界，常以草酸盐形式存在于植物如伏牛花、羊蹄草、酢浆草和酸模草的细胞膜，几乎所有的植物都含有草酸钙。

延伸阅读

染色技术由来

　　染色技术的渊源要远溯至人类远古的史迹。在类人猿时期，人类逐渐演变成人的阶段，感到严冬要抵御严寒，盛夏要遮阴避暑，逐渐地学会除了利用兽皮树叶之外，又采用了天然的织物纤维，用结、编、织等方法，于是有了布的雏形。同时可以想象得到，染色技术亦是同一时代的产物。但这只是凭着臆测而已，因为纺织与染色是密不可分的。

　　传说我国在三皇五帝时代即有了服制，古代的玄衣、黄裳已证明了在当时已有粗具规模的染色术。由此可知我国的染色术的起源至少在公元前3000年前。我国先人们为人类作出的不朽贡献在美化服饰方面显得尤为突出。在

发现凯库勒在一封信中把法国人叫做"狗崽子"。或许可以说，这是一种"爱国主义"的剽窃行为。

在凯库勒之前，还有别人提出苯是环状结构，其中值得一提的是奥地利化学家约瑟夫·洛希米特，他在1861年出版的《化学研究》一书中画出了121个苯及其他芳香化合物的环状化学结构。凯库勒也看过这本书，在1862年1月4日给其学生的信中提到洛希米特关于分子结构的描述令人困惑。所以即便凯库勒在1865年时已忘了劳伦提出的苯环结构，也还可以从洛希米特的著作那里得到启发，不必靠做梦。不过，洛希米特把苯环画成了圆形，而劳伦则是画成正确的六角形，更接近于凯库勒提出的结构式。所以我倾向于认为凯库勒是从劳伦那里抄来的想法。

1990年，在沃提兹的组织下，美国化学协会举办了一次关于苯环结构发现史的研讨会。自此真相该大白了吧？并不。不仅科普文章、大众媒体继续对凯库勒的梦津津乐道，科学史学者、科学哲学家、心理学家也继续煞有介事地研究凯库勒的梦。在1995年《美国心理学杂志》还刊登了一篇长达20页的研究"凯库勒发现苯分子结构的创造性认知过程"的论文，探讨凯库勒的梦是什么样的心理状态。2002年举行的第4届创造性与认知国际会议上也还有人举凯库勒的梦为例。一个有趣的虚构故事是很难被枯燥的事实真相所取代的，尤其是当它可以被用来作为支持自己的学说的例证时更是如此。

知识点

原 子

原子指化学反应的基本微粒，原子在化学反应中不可分割。原子直径的数量级大约是10^{-10} m。原子质量极小，且99.9%集中在原子核。原子核外分布着电子电子跃迁产生光谱，电子决定了一个元素的化学性质，并且对原子的磁性有着很大的影响。所有质子数相同的原子组成元素，每一种元素至少有一种不稳定的同位素，可以进行放射性衰变。

延伸阅读

趣味化学：水能助燃

俗话说："水火不相容"，水是最常用的灭火剂，怎么会"助燃"呢？也许你看到过这样的现象：在火炉上烧水、做饭的时候，如果有少量水从壶里或锅里溢出，洒在通红的煤炭上，煤炭不仅没有被水扑灭，反而"呼"的一声，蹿起老高的火苗。这是为什么呢？原来，少量水遇到赤热的火会助燃。

原来，少量水遇到赤热的煤炭，发生了化学反应，生成一氧化碳和氢气。一氧化碳和氢气都是可燃性气体，被旺盛的炉火点燃，顿时发生燃烧，并放出大量的热。

不过，任何事情的发生都是有条件的，红热的煤炭遇到少量的水，炉火能烧得更旺，温度更高。但是，如果把大量的水浇在煤炭上，情况就截然不同了，因为大量水能吸走很多热量，使煤炭温度骤然下降。同时，水变成水蒸气以后，并不能迅速离去，而是遮盖在燃烧的煤炭上方，隔绝了煤炭与空气的接触，煤由于得不到充足的维持其燃烧的氧气，火也就熄灭了。

水能"助燃"的本领相当高超，还可以应用到很多领域。

比如说，当微小的水滴喷入燃料油里以后，油便把水滴包围起来，从而使油与氧气的接触面积增大，油就能更充分地燃烧。用这种方法，还可以把劣质油有效地利用起来，变废为宝。

生物界的化学谜团

　　生命是从何而来，生物由什么物质构成，人体到底还有多少奥秘没有解开？自然界的组成纷繁复杂，高深莫测。人类对自然的征服已经遍布了宏观和微观领域，大到整个生物圈、食物链，小到细胞、核糖体等等。人类对生物界的研究离不开化学的进步，化学与生物学在某种程度上纵横交错。

　　生物化学对其他各门生物学科的深刻影响，首先反映在与其关系比较密切的细胞学、微生物学、遗传学、生理学等领域。通过对生物高分子结构与功能进行的深入研究，揭示了生物体物质代谢、能量转换、遗传信息传递、光合作用、神经传导、肌肉收缩、激素作用、免疫和细胞间通讯等许多奥秘，使人们对生命本质的认识跃进到一个崭新的阶段。

致命的"生化武器"

　　各种昆虫都有许多"天敌"，它们随时都要注意防御。但是，它们各自的防御方法都不相同，有的会逃，有的会躲，有的会迎上去较量一番，有的利用自身携带的"化学武器"，施放有毒或有刺激性的气味，以抵御外侮。

气步甲是一种小甲虫，俗称放屁虫，在我国、日本、印度尼西亚等地均有分布。它身为黄色，有黑色斑点，长不过2厘米，攻击"敌人"的本领却很惊人。一旦遭到"敌人"追捕时，它便会从尾后喷出一团团烟雾，进行自卫。原来，它的体内有3个小室，分别贮有氢醌（kūn）、双氧水和酶。一遇到"敌人"，它便紧缩肌肉，使这3种化合物立即进入"反应室"，成为一种具有恶臭，并有刺激性的毒液——醌，瞬间即行爆发。根据科学工作者的计算：这些反应放出的大量热，能使混合物的温度高达100℃，在气体压力的作用下，可以将毒液喷出几厘米远，并且发出"噼啪"的爆炸声。它在4分钟里，

气步甲

可以连续爆发29次，真可谓是有效的"化学武器"了。对手经它这一威吓，早已退避三舍了，甚至连披着"盔甲"的犰狳（qiú yú）也望而生畏，拔腿便跑。如果它的毒液溅在人的皮肤上，人也会感到灼痛。

斑蝥（máo），又叫斑猪、龙蚝、地胆，是有毒的甲虫。它全身披黑色绒毛，并有黄色斑点，身长1～3厘米，我国各地均有分布。它在受到攻击时，便从足的关节处分泌出黄色毒液。这种黄色毒液里含有强烈的斑蝥素，毒性极大，能破坏高等动物的细胞组织。人接触到这种毒液，皮肤会红肿起泡。斑蝥素的毒性虽然很大，但是可以入药，早在南宋时代，杨士瀛著《仁斋直接方论》中就有记载。近10年来，斑蝥素及其类似物具有抗癌功效，也为人们所重视。我国已开展了这方面的研究，经过临床试验也有一定效果。

生长在拉丁美洲巴拿马山谷的千足虫，全身有175个环节，每一个环节都生有毒腺，并能喷出高度麻醉和腐蚀性的物质。它一旦遇到"敌人"，全身各个环节一齐放出毒液，构成一

斑蝥

个扇形喷射面，使"敌人"难以靠近，从而乘机逃之夭夭。它的毒液如果溅

入人的眼里，便会使人马上失去视觉；沾在皮肤上，那块皮肤便会顿时感到麻木。不过，毒液的毒性消失后，眼睛的视觉、皮肤的感觉，便会恢复原状。昆虫就是靠多种多样的自卫本领，在生存斗争中保护自己的。

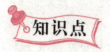

知识点

酶

酶，指由生物体内活细胞产生的一种生物催化剂。大多数由蛋白质组成。能在机体中十分温和的条件下，高效率地催化各种生物化学反应，促进生物体的新陈代谢。生命活动中的消化、吸收、呼吸、运动和生殖都是酶促反应过程。酶是细胞赖以生存的基础。细胞新陈代谢包括的所有化学反应几乎都是在酶的催化下进行的。

延伸阅读

布可以用石头织成吗

自古以来，人们用来织布的，通常只有两种原料：一种是植物纤维，就是棉花和苎麻等，它们可以织成各种棉布和织物；另一种是动物纤维，那就是蚕丝和毛等，可以织成美丽的丝绸和呢绒。可是在科学技术发展的情况下，增加了人造纤维等新的品种，特别是近年来增加了一种新的纺织原料，它既不是植物，也不是动物，而是毫无生命力的矿物，也就是最普通的石头。

用石头制成玻璃纤维，再织成布，叫玻璃布。由于它具有耐高温、耐潮湿、耐腐蚀等许多特性，因此它越来越多地在电气、化工、航空、冶金、橡胶、机械、建筑、轻工业等部门，代替原来所用的棉布和绸缎呢绒。

坚硬的石头为什么也能像棉花那样用来织布呢？这真是一个非常有趣的问题。我们知道，用棉花织布是先将棉花的纤维纺成纱，然后经纬交叉，织成了布。

我们已经知道了石头制玻璃的过程。石头织布也可以说是石头制玻璃的发展呢！因为石头织布首先是将砂岩和石灰石等轧碎，放到窑炉里，再加进纯碱等原料，用高温把它们熔化成液体，然后把它拉成玻璃纤维，再纺纱织成布。

玻璃是很坚硬而又很脆弱的东西，可是它拉成丝后，它却变得很坚韧了。玻璃丝越细，它的挠度和拉力就越大，在现代科学技术中，不但用玻璃丝织成玻璃布，还用玻璃丝来增强玻璃制品和塑料制品的牢度，就像在混凝土里放入钢筋一样。玻璃纤维，今天已应用到最新的通信技术——光通信上面去了。有一种叫做"玻璃纤维管镜"，是用上千根玻璃纤维制成的管子，每根纤维直径只有1/1 000毫米，能反射光线，使它沿着管子通过。把它装在照相机上，可以拐弯照相。

▮▮▮ 动物世界里的"化学战"

人类战争有化学战，动物界同样也有化学战。许多动物拥有诸如毒液、麻醉液、腐蚀液、黏结液之类的"化学武器"，经常展开一幕又一幕生死存亡的斗争。

人们比较熟悉的是毒蛇、毒蝎、毒蛙、毒蜘蛛等能够分泌毒液，以此作为武器，用于进攻或防卫。它们分泌的毒液一般含有神经毒和血液毒两种类型。前者作用于对手的中枢神经使其心脏停止跳动，后者则经过对手的血液循环系统破坏其组织，最终使其丧命。如非洲有一种毒蜂，蜂王一旦发现可以进攻的目标，就发出一种具有特殊气味的化学物质，"命令全军反击"，即使是狮子也难逃性命。还有一种黄蜂，毒液含有"报警信息素"，可通过空气传播给巢里的蜂群。若有人打死一只黄蜂，能激怒5米外的巢中的黄蜂飞来，有时几只黄蜂就能杀死对蜂毒过敏的人。

放屁虫是善跑的昆虫，也是制造和使用化学武器的能手。在它的腹内有两个臀腺，臀腺里的分泌细胞能分泌出氢醌和过氧化氢，平时贮藏在贮液囊里。当它受到攻击时，能立即让上述化学物质进入体内"燃烧室"，在酶的作用下进行化学反应，生成滚烫的腐蚀液，依靠其腹部尖端可转动的"炮塔"，把腐蚀液准确喷到追击者身上，而且在追击的同时发出令人吃惊的噼啪噼啪声，使追击者不知所措慌忙逃走。

黄鼠狼体内贮有奇臭难闻的丁硫醇，当它遇到敌害袭击时，就放出含丁硫醇的屁，敌害招架不住，它便趁机逃跑。而猫把脸上和臀部体腺散发的气味弄在人的腿上，因此它远远就能辨明主人在那里。黑尾鹿遇敌时常释放香味迷惑对手。燕尾凤蝶还能利用化学武器实施集体防御。它有一对鲜红色或橘色触角（称为丫腺），位于紧挨头部的后面。在正常情况下，触角隐藏在囊里，受攻击时会突然伸出，喷出一股极臭的脂肪酸分泌液。一群燕尾凤蝶在一起飞舞时，只要外围有一只受到骚扰，这个群落就会同时喷射，在四周形成一圈化学"烟雾"，有较地抗击来犯者。

白蚁虽然不大，可是它却有多种化学防卫手段。其中有一种叫注射法，即在咬伤对手的同时，向其伤口注入毒素或抗凝油，使之中毒或流血不止而死亡。大白蚁或军白蚁用的就是这种方法。第二种是刷毒法，利用其上唇演变而成的"油漆刷子"，将油状毒液刷在对手身上，使之无法脱身中毒死

黄鼠狼

亡。第三种则是喷胶法，这种胶与松树脂相似，内含黏结剂、刺激剂和毒液，对手粘上此胶后动弹不得，只好束手待毙。

制造和使用化学武器，需要消耗能量。有的动物为了"节省开支"，干脆依靠窃取别的动植物的成果来武器自己。比如，大桦斑蝶毛虫吃了马利筋属植物，会把其中称为卡烯内脂的毒物积累在体内，从而保护它从小直到羽化成蝶不被食肉动物吞食。

猴子、野猪等动物中的领袖能够发出使其他雄性动物臣服的气味，只要闻到这种气味，即使没有见面也马上服服帖帖，不敢"乱说乱动"。有一种貂熊发现小动物时立即撒尿，用尿在地上画一大圈，被圈中的动物如中魔法，费尽全力也难逃出"禁圈"。更令人惊奇的是，当貂熊在圈中捕食小动物时，圈外凶猛的豹和狼等，竟也不敢跨入"禁圈"去争夺。貂熊的尿液气味使某些动物闻之发晕、发怵。

在鱼类中，乌贼受到攻击时能喷出墨汁，鱿鱼能喷出发光液体，借此来迷惑天敌，自己则趁机逃之夭夭。这些也都属于化学防卫范畴。最有趣的是，因为鱼的嗅觉极为灵敏，有些比猎犬强千倍，很容易嗅出它们害怕（或厌恶）的气味。水中含量为八百亿分之一的一种人体分泌物——左旋羟基丙氨酸的气味，鱼也可嗅出来。美国前总统布什最爱钓鱼，可鱼儿总是很少上他的钩。鱼儿为什么害怕布什总统？研究者发现，布什留在钓竿上的指纹中含有这种左旋羟基丙氨酸。鱼儿闻到了此气味，对它自然要退避三舍了。

章鱼

有些动物的喷液竟然含有浓度高达 20% 的甲酸。有一种蟑螂，能喷射催泪性毒气。而有一些蛾、甲虫、千足虫，具有制造剧毒物质氰化氢的本领，还有一些昆虫会喷射酮、酚之类刺激性物质，进行自卫。

在海洋深处生存的海蜗牛，能吐出一种含盐酸和硫酸的混合物唾液，别说动物肌体，就是滴在岩石上也会使之冒烟气化。因此，海中动物包括鲸、鲨、鳄都不敢去惹海蜗牛。

河豚内脏带有剧毒，还能产出带有剧毒的鱼卵。河豚毒的毒性比化学毒品氰化钠大 120 倍。倘若海里的其他动物吞食了它或它的卵，会很快神经麻木中毒死亡。

小小的比目鱼，也能排泄出一种乳白色毒性极强的液体。鲨鱼尽管凶猛无比，但一沾上这种液体，嘴巴就

河豚

像中了魔似的立即僵硬，成了名副其实的纸老虎。

知识点

脂肪酸

脂肪酸，是指一端含有一个羧基的长的脂肪族碳氢链，是有机物，直链饱和脂肪酸的通式是 $C_{(n)}H_{(2n+1)}COOH$，低级的脂肪酸是无色液体，有刺激性气味，高级的脂肪酸是蜡状固体，无可明显嗅到的气味。脂肪酸是最简单的一种脂，它是许多更复杂的脂的组成成分。脂肪酸在有充足氧供给的情况下，可氧化分解为 CO_2 和 H_2O，释放大量能量，因此脂肪酸是机体主要能量来源之一。

延伸阅读

河豚毒素

海洋生物毒素的化学结构类型十分特殊，且各类毒素的化学结构差异极大，其中河豚毒素是近年来研究进展中最突出一种海洋毒素。它是一种化学结构独特、毒性强烈并有广泛药理作用的一种天然毒素。河豚毒素是一种能麻痹神经的剧毒，通常只需氰化钾1/500就可置人于死地的剧毒，中毒的人会因神经麻痹窒息而死，其中，毒素直接进入血液中毒死亡速度最快。河豚的种类很多。体长的河豚毒性相对高些，其组织器官的毒性强弱也有差异。河豚毒素从大到小依次排列的顺序为：卵巢、肝脏、脾脏、血筋、鳃、皮、精巢。冬春季节是河豚的产卵季节。此时，河豚的肉味最鲜美，但是毒素也最高。随着科学的进步，令人恐惧的河豚毒素已步入了药学殿堂，并且在治疗人类疾病方面发挥着越来越重要的作用。河豚毒素在医疗上可以用于治疗癌症。河豚可以用于镇痛。对癌症疼痛、外科手术后的疼痛、内科胃溃疡引起的疼痛，河豚毒素制剂均有良好的止痛作用。使用河豚素的好处是用量极小（只需3微克），止痛时间长，又没有成瘾性。特别是穴位注射，作用快、效果明显，可以作为成瘾性镇痛药吗啡和哌替啶的良好替代品。河豚毒素还可以止喘、镇痉、止痒。河豚毒素可以治疗哮喘、百日咳。对治疗胃肠道痉挛和破伤风痉挛有特效。河豚毒素对细菌有强烈杀伤作用。从河豚精巢提取的毒素，对痢疾杆菌、伤寒杆菌、葡萄球菌、链球菌、霍乱弧菌均有抑制作用，而且可以防治流感。目前，在国际市场上，河豚毒素结晶每克已经高达17万美元。现在，河豚毒素已经可以人工合成了。

最近，加拿大科学家却利用河豚毒素研制出一种能止痛的新型药物。这种新型特效止痛药能够有效地缓解癌症病人的疼痛。目前这个课题已经做完一期和二期的临床实验。在临床实验中医生每天给病人注射两次这种药剂，一次几微克，连续注射4天。当用药进入第3天后，患者的疼痛开始减轻。结果，有将近70%的病人的病痛得到缓解。研究人员还发现，最后一次注射停止后，止痛效果仍可延续。在一些病例中，止痛效果甚至可以延续15天。加拿大多伦多大学药理学教授爱德华·赛勒斯说，这种药物可以阻断发向大脑的有关疼痛的神经信号，其止痛效果比吗啡强3 000倍。

紫罗兰变色之谜

清晨，花匠照例采下一篮鲜花，送到主人波义耳的房间。波义耳是17世纪英国著名化学家，他热爱工作，也十分喜爱鲜花。因为美丽的鲜花能让人赏心悦目、消除疲劳；扑鼻的花香则令人心旷神怡、精神振奋。今天花匠送来的是深紫色的紫罗兰，是波义耳最喜欢的一种花。波义耳随手取出一束紫罗兰观赏起来。

"老师，我们买的盐酸从阿姆斯特丹运来了。"助手威廉报告说。

"哦，这酸的质量好吗？请倒一点儿出来，我想看一看。"说着，波义耳走进实验室。他把手中的紫罗兰放在桌上，帮威廉一起倒盐酸。瓶盖刚打开，刺鼻的气味便冲了出来，瓶中那淡黄色的盐酸液体还在不断地向外冒烟。

"嗯，这酸的质量看来不错。"

波义耳满意地拿起那束紫罗兰，又回到书房。这时，他看到花朵的上方微微飘动着轻烟。糟糕！准是给浓盐酸熏着了，应当赶快冲洗一下。波义耳把花头朝下放进一只盛满清水的杯子里，便坐下看起书来。

过了一会儿，他抬起头来。奇怪，杯里紫色的花儿怎么变成了红色？

"难道……"波义耳的心猛地跳动起来，他不由得回想起一件往事。

那还是许多年前，年轻的波义耳离开喧闹的伦敦，到斯泰尔桥乡下的别墅去度假。在那里，他与当地一位医生的女儿爱丽丝相爱了。

一次，他们一同出去散步，突然看到有人跪在田里"吃土"。看到波义耳疑惑不解的神情，爱丽丝说：他们是在用嘴辨别土壤的酸碱性，好决定给地里种什么作物，施什么肥料。爱丽丝还告诉他，在父亲的诊所里，常有因为尝土而染上疾病的人，有时他们还会悲惨地死去。波义耳被深深触动了，他很长时间默默不语。

紫罗兰

"亲爱的，你不是化学家吗？想想办法，别让他们再尝土了！"爱丽丝哀求道。

"放心吧，我会有办法的。"波义耳自信地说。

谁知一年后，爱丽丝被肺结核夺去了生命。可是，她那善良和期待的目光却是波义耳永远忘不了的。想到这里，波义耳放下书，提起满篮的花儿大步走进实验室。

"快！威廉，赶快取几只烧杯来！每只杯里倒上不同的酸。对，还要用水把酸稀释一下。"

威廉马上照老师的吩咐办了。尽管他暂时还不明白这是为什么，可是他知道，待会儿一切都会清楚的。

波义耳给每只烧杯里都放进一朵紫罗兰，并招呼威廉坐下来仔细观察。果然，深紫色的花开始变色。先是淡红，不久完全变成了红色。

哦，威廉明白了，老师是想用花的颜色变化来判断酸的。

"老师，有遇到碱会改变颜色的植物吗？"威廉大胆地问。

"完全可能有！我们现在就来动手试验。"

他们从花园采来了各种鲜花，又到野外收集了青草、树叶、苔藓、树皮和植物的根，从中萃取出汁液，再用酸和碱一一去试。

他们发现，有一种从石蕊中提取出的紫色浸液，遇酸变红、遇碱变蓝，十分灵验。

这是多么有用的东西啊！波义耳给它们取名为"指示剂"。有了指示剂，人们再也不必为判断物质的酸碱性而犯愁了。波义耳终于实现了自己的诺言，他仿佛又看到爱丽丝那含笑的目光。这种酸碱指示剂，现在我们还常常使用。

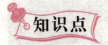

知识点

石 蕊

石蕊的性状为蓝紫色粉末，是从地衣植物中提取得到的蓝色色素，能部分地溶于水而显紫色。是一种常用的酸碱指示剂，变色范围是 $pH = 5.0 \sim 8.0$ 之间。是一种弱的有机酸，相对分子质量为3300，在酸碱溶液的不同作用下，发生共轭结构的改变而变色。

延伸阅读

植物会"交谈"之谜

树木、花草、谷物、蔬菜种在哪里，便长在哪里。它们本身不能走动，也不能自己发声，那么，它们在同类之间是怎样传递信息的呢？

近几年来，科学家们作了大量研究，发现植物与植物之间是以某种特殊的方式"交谈"的。美国华盛顿大学的生态学家已证明，柳树遭到毛毛虫和结网虫袭击的时候，会释放出一种能影响邻近树木的化学物质，告诉周围的"同胞"及时采取防卫措施。

还有人发现，树木会以提高叶子的一种化学物质——苯酚的浓度来保护自己。一些科学工作者推测，新生叶子所以不那么吸引昆虫，其原因可能是嫩叶滋味不如老叶好，营养也少。令人惊奇的是柳树受到害虫侵犯时，不仅受侵害的柳树内部营养物质含量发生变化，而且也使周围未遭侵犯的树木的营养物质含量发生变化。周围树木是怎样得到信息的，真是一个谜。为了揭开这个谜，研究人员对受害树木作了细致的检查，发现它正在分泌一种化学物质，这可能就是它的"电报密码"。可是这"电报"是怎样发出去的呢？他们检查了树根，发现它们的根并没有连结。于是他们断定，这是靠风力传递的。他们又想，这种化学物质是树木自身的分泌物，还是有害昆虫的分泌物呢？他们在没有受到虫害的甜枫树上试验——用人工方法伤害它，结果它也分泌出自卫性的化学物质。研究植物分泌的用以传递信息和自卫的化学物质很有意义，一旦科学家们把这个奥秘揭开，就可以为人类提供一种很有效的控制虫害的手段。将来，如果能用人工方法合成这种化学物质，并把它喷洒在易遭虫害的植物上，激发它们分泌不合害虫口味的化学物质，使害虫望而却步，那就无须再用那些污染环境的杀虫剂，也可以保证植物生长得更加茂盛。

为何人类会害羞

大脑化学物质5－羟色胺直接影响人类性格。

5－羟色胺是什么？

5－羟色胺是人脑中有用的一种神经化学物质，它的作用主要是传递神经信息。5－羟色胺可以直接影响人的心理功能和生理功能，比如人的喜怒哀乐、睡眠、食欲等。

当5－羟色胺浓度过高时，人会产生过度兴奋现象；如果5－羟色胺浓度过低，又会产生一系列精神和心理上的病态，比如焦虑、惊恐，最主要的是抑郁情绪，从而引发恐怖症、强迫症等。

众所周知，在植物界有一种会害羞的草，只要用手轻轻碰一下，它的枝叶就会马上合拢，随后又会慢慢还原。这种神奇植物为什么会"害羞"呢？原来，含羞草叶柄下有一个叫"叶枕"的鼓包，里面含有充足水分，当你用手触摸它的叶子时，叶枕中的水马上流向两边，叶枕瘪了，叶子就垂了下来。

而在人类社会，也有人会因为做错了事而感到害羞，难道人类也有害羞"叶枕"吗？近日，美国科学家揭开了人类害羞背后的秘密。

一款古老又不过时的肥皂泡实验，能把喜欢探索和害羞的孩子区分开。

害羞行为

在鲍登学院实验室，孩子们正在玩一款古老又不过时的肥皂泡游戏，这是心理学家萨姆·普特纳姆设计的实验，这个游戏能把喜欢探索创新的孩子和那些腼腆的孩子区分开。

虽然实验道具很普通，只是从廉价物品商店买来的肥皂泡沫和万圣节才用的恐怖面具，但是实验本身却很有意义。在实验室里，当工作人员戴上骷髅面具时，孩子们的确表现各异。有的孩子高兴得大叫，欢天喜地地冲向肥皂泡沫；而有的孩子则悄悄地躲在门后，看着别人又疯又闹；还有的孩子被吓得大哭起来。

这一切表现都被心理学家普特纳姆——记录下来。他研究的意图就是，找出我们中间为什么有的人喜欢新鲜事物，而有的人却喜欢墨守陈规；为什么有的人勇于创新，而有的人追求安逸。

许多科学家认为，害羞之谜也许就存在于这些难以捉摸的性格差异中。害羞的人通常具有目光游移、总爱耸肩和远离人群的姿态，这是一种看上去很痛苦、很糟糕的状态。儿科教授威廉·加德纳说："我将害羞当作人类性情正常范围内的一部分。"

但是，在科学家和那些极力逃避社会的人眼中，他们对害羞的正常范围的认识却截然不同。决定一个人是否害羞的主要因素是什么？我们该将如何面对这个问题？通过行为研究、大脑扫描甚至是基因测试，研究人员逐渐了解到，害羞是一种复杂状态。

羞涩的人更有可能是内向型的人，但内向型的人不全是害羞的人。

人们感到害羞，肯定有其原因。但这并不仅是一个人性格内向的问题。哈佛大学心理学家杰罗姆·卡格恩说："当我们同陌生人在一起时，害羞要比正常紧张或半信半疑的焦虑状态更强烈。羞涩的人更有可能是内向型的人，但内向型的人不全是害羞的人。"

卡格恩说，我们当中有超过30%的人是羞怯型的人，但其中有很多人自己都不愿意承认。今年年初，意大利米兰圣拉菲尔大学公布了一项调查结果。马可·巴特格里亚博士找了49名三年级和四年级的小学生，根据他们的害羞程度分了小组。孩子们被要求辨认一系列面部表情各异的照片，比如欢乐、愤怒、以及没有任何感情的照片。结果发现，害羞程度高的儿童始终难以解读那些愤怒和没感情的照片。

而同时的脑电波记录显示，那些害羞程度高的儿童，其大脑皮层的活动水平更低。大脑皮层涉及的思维非常复杂，这表明原始的扁桃体活动水平更高，研究人员能从这个区域检测到焦虑和惊慌。巴特格里亚博士最后总结到，害羞的儿童不擅长解读人的面部变化，这些被其他儿童当作情感交流的暗示信号，到了警惕性很高的他们这里，就会感到不安。

巴特格里亚博士说："解读面部表情的能力是和谐人际关系的最重要的前提之一。"在斯坦福大学，心理学家约翰·格布艾里进一步揭示了面部表情和害羞之间的关系。格布艾里不仅向成年实验者展示一系列面部表情的图片，而且还向他们展示令人不安的场面（如车祸）。他发现，害羞的人对待车祸的方式和其他实验者一样，但不同之处仍在于他们对面部表情图片的反应，这与巴特格里亚博士的研究结果不谋而合。格布艾里说："这说明他们并不是感到十分害怕。"

害羞者的大脑当中，和化学物质 5 - 羟色胺有关的基因更短。

解读面部表情并不是揭示害羞之谜的唯一途径，测试害羞者的基因同样有助于了解他们害羞的原因。作为研究的一部分，巴特格里亚博士从 49 名儿童身上收集了唾液样本，对其进行 DNA 分析，寻找能进一步解释自己研究结果的有利证据。巴特格里亚博士发现，羞怯孩子有一个或两个与大脑化学物质 5 - 羟色胺的流动有关的基因更短。5 - 羟色胺是一种神经传递素，可以影响人们焦虑、沮丧等精神状态。

虽然没人宣称基因是羞怯之谜的全部答案，但多数研究人员认为，它至少起着一定作用。精神病学家迈克尔·米恩尼说："总的来说，那些具有这种基因的人会更加羞怯，而且对压力的反应更加敏感。"米恩尼刚刚完成了为期两年对胆怯和压力的一项研究。即使某人天生就具有倾向羞怯的基因，但是什么原因最终促使他长大后成为一个害羞的人呢？这首先要取决于后天环境。20 多年前，卡格恩对一批具有羞怯性格倾向的 2 岁儿童进行了一项长期研究。等孩子们长到十几岁时，卡格恩又对他们进行了追踪调查。在所有这些研究对象中，那些最初有羞怯倾向的人，整整有 2/3 的人长大后仍是这种性格，但有 1/3 的人克服了这种抑制作用。施瓦兹说："父母的养育方式、环境和社会机遇——所有这些都会产生巨大的影响。"卡格恩指出："如果你

天生就很害羞，那么你很难成为比尔·克林顿这样的人，但你可以朝他这个方向靠拢，发展成介于两者之间的性格。"

羞怯仅仅是人与人之间的不同，它可能是丰富这种形式的一种变体。如果情况确实如此，父母是否应该注意，不要让孩子的害羞朝性格孤僻方向发展呢？一些研究表明，父母的确有必要这么做，甚至这样做是至关重要的。普特纳姆在肥皂泡实验中发现，那些对新环境有抵触情绪的孩子更愿意把他们的情感藏在心里，这种迹象表明，他们在今后的生活中更倾向于产生消沉和紧张情绪。同时，害羞孩子染上社交恐惧症的危险性会更高，社交恐惧症是一种严重的紊乱状态，施瓦兹和卡格恩实验对象中有一半人都在受这种疾病折磨。此外，美国加利福尼亚大学 2003 年对 HIV 呈阳性的病毒携带者所进行的一项研究表明，不愿意社交以及易怒患者与那些心态平和患者相比，其病情恢复可能更缓慢，而且病毒载量也是后者的 8 倍。尽管不能简单地认为，这种结果也适用于 HIV 呈阴性的病毒携带人群，但这项研究的确表明，羞怯也许会对免疫系统造成损害。对于那些由于害羞而感到压抑的孩子来说，首先，家长们应该向孩子们传达一种令人宽慰的信号，譬如说"这个问题比较难处理，我会帮你克服它"。而注意不要把孩子的焦虑和品行不好相提并论。对于那些害羞的成年人而言，认知谈话疗法能有效缓解他们的忧虑，尽量解除社交的障碍，减少与社交相联系的恐惧感。行为疗法也能有效治疗社会恐惧症，通过让病人慢慢接触社会，使得他们逐渐从感到不舒服的社会环境中解脱出来。华盛顿大学社会工作教授大卫·霍金斯说："害羞存在着危险因素，但它也具有一种保护性品质。"害羞孩子也许比那些开朗孩子的朋友少，但他们涉及暴力犯罪或团伙犯罪的几率更低。研究害羞的科学家指出，亚伯拉罕·林肯、穆罕达斯·甘地、纳尔逊·曼德拉等伟大的性格都非常矜持，如果他们的性格不是这样，也许不会取得如此令人瞩目的成就。

知识点

HIV

人类免疫功能缺陷病毒，顾名思义，它会造成人类免疫系统功能的缺陷。1981 年，人类免疫功能缺陷病毒在美国首次发现。它是一种感染人类免疫系统细胞的慢病毒（Lentivirus），属反转录病毒的一种。至今无有效疗法的致命性传染病。该病毒破坏人体的免疫能力，导致免疫系统的失去抵抗力，而导致各种疾病及癌症得以在人体内生存，发展到最后，导致艾滋病（获得性免疫功能缺陷综合征）。

延伸阅读

人疲倦的化学原理

人为什么会疲倦？心理作用是产生疲倦的原因之一。激烈运动以后，情绪松弛下来，疲倦的感觉会立即出现。但是从化学的角度来看，疲倦与碳水化合物的代谢有密切关系。

人体里的细胞为了完成肌肉的收缩、神经冲动的传递等任务，需要高能量的化合物，如三磷腺苷（ATP）。这种高能量化合物的水解，是一种大量放热的反应。而在运动时，肌肉纤维收缩，加速细胞里的吸热反应。如果人体肌肉里所储存的 ATP 很快消耗掉，又来不及补充，人就感到疲倦。

再说，在激烈运动时，血液对肌肉所需要的氧气会供应不足，那么，肌肉细胞就必须调动葡萄糖的分解来产生能量。可是，葡萄糖分解的同时会形成乳酸，而乳酸会妨碍肌肉的运动，引起肌肉的疲劳。乳酸的积累会造成轻度的酸中毒，引起恶心、头痛等，增加疲倦的感觉。

肝脏对保持体力有重要作用。当人体内葡萄糖分解后，血液中的葡萄糖减少，肝脏里糖原发生分解，释放出葡萄糖，使血液保持一定的含糖量。同时，肝脏里一部分乳酸被氧化，产生二氧化碳排出体外，其余的转化为糖原。所以，在紧张运动后作深呼吸，增加供氧，促使乳酸氧化，可以减少疲倦。

人类记忆之谜

记忆，是一种奇异的生命现象，吸引着众多的人为它去奋斗。

早在远古时期，人们就对记忆现象产生了浓厚的兴趣。古希腊哲学家柏拉图叫它"火在蜡上烧成的景象"。但是脑子里的什么东西起着蜡的作用？外界的景象又是怎样烧进去的呢？一直是个谜。

近年来，人们逐渐认识到，记忆跟大脑中的化学变化有着密切的关系。

人们发现，人的记忆力跟大脑细胞的数量有关。著名物理学家爱因斯坦逝世后，神经组织学家仔细研究了他的大脑切片，发现他的大脑细胞数量远远超过一般人。人的记忆力不但与遗传因素有关，还与后天的勤奋有关。儿童的脑细胞数量比成年人多，就是因为有些脑细胞在后天得不到记忆的锻炼，才自行死亡。

美国科学家做了一个实验：他们对涡虫进行实验研究，每次在开灯的同时电击一下它，重复多次之后，这些虫子对灯光形成了条件反射。他们又把这些有记忆的虫子碾碎，给那些没有经过训练的虫子吃，结果这些虫子也知道躲避灯光。因此科学家推测：这些虫子获得了某种记忆的化学物质，也就是说，记忆与化学物质有关。

后来，另一些科学家也做了一些实验，他们把大鼠放在一个有明室和暗室的笼子里，喜欢黑暗的大鼠总是躲在暗室里。科学家多次电击它们，把它们训练得害怕黑暗。然后把这些大鼠的脑子里的化学物质提取出来，注射到正常的白鼠脑子里，结果这些白鼠也害怕黑暗。

记忆导电跟哪些化学物质有关呢？

科学家对鼠脑子里的化学物质进行研究，成功地分离出微量记忆物质——一种由多种氨基酸组成的多肽分子。科学家人为，这些分子的不同的排列次序和组合的速度很快，从而在脑子里形成更多的蛋白多肽，对记忆有很大的影响，就像增加线路和电子元件就可以产生新的电子设备一样。另外一些科学家认为记忆跟乙酰胆碱有关。但是，记忆的化学物质到底是什么？记忆的过程到底是什么？现在还是一个未解之谜。

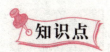

知识点

氨基酸

氨基酸是含有氨基和羧基的一类有机化合物的通称。生物功能大分子蛋白质的基本组成单位，是构成动物营养所需蛋白质的基本物质。是含有一个碱性氨基和一个酸性羧基的有机化合物。氨基连在 α－碳上的为 α－氨基酸。天然氨基酸均为 α－氨基酸。

延伸阅读

人的头发为何会变白

一组来自欧洲的科学家解决了一个困惑人类很久的问题：头发为什么会变白？尽管有观点认为，白发是智慧的象征，这些研究人员却认为，白发和智慧没有任何关系。

毛囊磨损产生大量过氧化氢，这是致使头发变白的主要原因。因为过氧化物阻碍了头发的天然色素——黑色素的正常合成。

FASEB 杂志主编杰拉尔德·韦斯曼说："不是只有金发碧眼的姑娘才会用过氧化氢为头发变色。我们每个人的毛细胞都会产生少量过氧化氢。不过，随着年龄的增长，"少量"逐渐变成"大量"。色素在毛发内部开始漂白，慢慢地我们的头发也就逐渐变灰、变白。可以这么说，这一研究对于我们追究问题的根源迈出了重要的一步。

研究人员通过观察人体毛囊的细胞培养获得这一发现。他们发现，过氧化氢的积累是由于酶（过氧化氢酶）的减少造成的。酶可以将过氧化氢分解为水和氧。他们还发现，毛囊无法修复由过氧化氢造成的损伤，因为通常负责修复这一损伤的酶水平很低。更复杂的问题是，大量的过氧化氢和少量的酶扰乱了酪安素酶的生成，酪安素酶可以引导毛囊里黑色素的生成。黑色素负责头发、皮肤和眼睛的颜色。研究人员推断，如果皮肤里出现类似的损伤，则有可能会导致白斑病。

韦斯曼补充道："蓝头发的女士可以作证，有时候头发的染料并不能达到预期的效果。这一研究为我们提供了这样一个实例：生物学基础研究能够以难以想象的方式造福人类。"

蜘蛛的启示之谜

300多年前，英国有一位年轻的科学家对"八卦飞将军"蜘蛛发生了浓厚的兴趣。他经常从早到晚，目不转睛地观察蜘蛛。他看见蜘蛛忙忙碌碌，吐丝织网。刚从蛛囊里拉出的细丝是黏液，迎风一吹，瞬间变成又韧又结实的蛛丝。

蜘　蛛

这位青年科学家想，要能发明一个机器蜘蛛，"吃"进化学药品，抽出晶莹的丝来纺线织布，那该多好啊！他一头扎进化学实验室，摆弄起瓶瓶罐罐，用各种化学药品做开了试验。他用硝酸处理棉花得到了硝酸纤维素，把它溶解在酒精里，制成黏稠的液体，通过玻璃细管，在空气中让酒精挥发干以后，便成了细丝。这是世界上第一根人造纤维。但是这种纤维容易燃烧、质量差、成本高，没法用来纺纱织布。

后来，科学家模仿吐丝的蚕儿，将便宜、易得的木材里的木质纤维素溶解在烧碱和二硫化碳里，制成黏液，再在水面下喷丝，拉出千丝万缕。这就是大名鼎鼎的"人造丝"（黏胶纤维）。它的长纤维可以织成人造丝印花绸、人造丝袜。短纤维造出"人造棉"布、"人造毛"呢。它们穿着舒适，和棉麻织物差不多：透气良好，容易吸水，可以染上漂亮的颜色，而且价格低廉，颇受欢迎。这样，人造纤维在问世仅30年后，就代替了1/10的棉、麻、丝、毛。

可是，人们并不满意。人造丝、人造棉潮湿的时候很不结实，洗涤后容易变形，缩水严重。再说，人造纤维虽然扩大了原料的来源，把不能直接纺纱织布的木材、短的棉花纤维、草类利用了起来，可是，资源毕竟有限。于是，人们眼光从天然纤维跳到了矿物上头，石头、煤、石油能不能变纤维呢？

50 多年前，德国出现了用煤、盐、水和空气做原料制成的聚氯乙烯纤维（氯纶）。它的化学成分和最普通的塑料一样。这是最早的合成纤维。用氯纶织成的棉毛衫裤、毛线衣裤，既保暖又容易摩擦后带静电，穿着它，对治疗关节炎还有好处呢。

比氯纶晚几年出世的尼龙（锦纶），比蛛丝还细，但非常结实，晶莹透明，一下子以它巨大的魅力使人们着了魔。用尼龙丝织成的袜子结实耐磨，一双顶四五双普通的棉线袜穿用。曾经很流行的"的确良"（涤纶），挺括不皱，免烫快干，是产量最大的一种合成纤维。腈纶，俗称"合成羊毛"，蓬松耐晒，用它做的毛线、毛毯、针织衣裤，我们都很熟悉。价廉耐用的维尼龙（维纶），织成维棉布，做床单或内衣，吸水、透气性跟棉织品差不多。维纶棉絮酷似棉花，人称"合成棉花"。除了涤纶、锦纶、腈纶、维纶四大合成纤维外，由丙烯聚合而成的丙纶一跃而起，成为合成纤维的新秀。

丙纶是密度最小的合成纤维，入水不沉。飞机上的毛毯、宇航员的衣服用它制作，可以减轻升空的负担。如今，化学纤维的年产量已经和天然纤维平起平坐了，而它在国民经济和国防事业上的作用却远远超过了天然纤维。不过，今天规模巨大的"机器蚕"在日夜运转，还多亏了蚕儿吐丝、蜘蛛织网给人们的启示呢！

尼 龙

知识点

涤　纶

涤纶是合成纤维中的一个重要品种，是我国聚酯纤维的商品名称。它是以精对苯二甲酸或对苯二甲酸二甲酯和乙二醇为原料经酯化或酯交换和缩聚反应而制得的成纤高聚物——聚对苯二甲酸乙二醇酯，经纺丝和后处理制成的纤维，中国俗称"的确良"。涤纶的用途很广，大量用于制造衣着面料和工业制品。涤纶具有极优良的定形性能。涤纶纱线或织物经过定形后生成的平挺、蓬松形态或褶裥等，在使用中经多次洗涤，仍能经久不变。

延伸阅读

不可忽视气压对健康的影响

随着气象和保健科学的日益普及，人们对温度、湿度、风、日照等气象要素与健康的关系都比较关注和熟悉。但对气压，人们一般比较忽略，天气预报中也没有气压要素。事实上，当气压过低、过高或短时间内气压变化过大时，对人体健康的不利影响还是比较明显的。

低气压对人体生理的影响主要是影响人体内氧气的供应。人每天需要大约750毫克的氧气，其中20%为大脑耗用，因脑需氧量最多。当自然界气压下降时，大气中氧分压、肺泡的氧分压和动脉血氧饱和度都随之下降，导致人体发生一系列生理反应。以从低地登到高山为例，因为气压下降，机体为补偿缺氧就加快呼吸及血循环，出现呼吸急促，心率加快的现象。由于人体特别是脑缺氧，还会出现头晕、头痛、恶心、呕吐和无力等症状，神经系统也会发生障碍，甚至会发生肺水肿和昏迷，这就是通常说的"高山反应"。

在高气压的环境中，肌体各组织逐渐被氮饱和（一般在高压下工作5～6小时后，人体就被氮饱和），当人体重新回到标准大气压时，体内过剩的氮便随呼气排出，但这个过程比较缓慢，如果从高压环境突然回到标准气压环境，则脂肪中蓄积的氮就可能有一部分停留在肌体内，并膨胀形成小的气泡，阻滞血液和组织，易形成气栓而引发病症，严重者会危及人的生命。

气压变化对人体健康的影响，更多表现在高压或低压所代表的环流天气形势的生成、消失或移动方面。在低压环流形势下，大多为阴雨天气，风的变化比较明显；而在高压环流形势下，多为晴天，天气比较稳定。日本的医疗气象专家经过数年的研究发现，大多数肺结核患者咳血、血痰加重的程度与低压环流天气有密切的关系。患者病情恶化时，有90%是在低压环流形势下发生的，有半数以上是在低压过境时发生的。而在高压环流形势下，支气管炎、小儿气喘病较容易发作。当高压环流移向日本时，日本的喘病患者开始增加；当高压通过时，发病人数便达到高峰值；待高压移出后，日本国内的喘病患者便显著减少。之所以会出现这样的情况，是因为在高压控制下，空气干燥，天晴风小，夜间的辐射冷却容易形成贴地逆温层，尘埃、真菌类、花粉、孢子等过敏原，容易在近地层停滞，从而诱发喘病的发作。

同时，气压的变化还会影响人的心理变化，使人产生压抑、郁闷的情绪。例如，低气压下的雨雪天气，尤其是夏季雷雨前的高温高湿天气（此时气压较低），心肺功能不好的人会异常难受，正常人也有一种抑郁不适之感。而这种憋气和压抑，又会使人的自主神经趋向紧张，释放肾上腺素，引起血压上升、心跳加快、呼吸急促等；同时，皮质醇被分解出来，引起胃酸分泌增多、血管易发生梗死、血糖值也可能急升。有学者对每月气压最低时段与死亡高峰进行了对比研究，结果发现89%的死亡高峰都出现在最低气压的时段内。

绿色植物中的化学之谜

绿色，给人以清新、柔和、惬意之感。绿色植物，维系着生态平衡，使万物充满生机。从化学角度看，它还微妙而准确地反映着我们周围环境的特征和变化，供给人类许多有用的信息和物质。

不是么？酸模、常山等绿色植物丛生之地，常会发现地下有铜矿；地下若有金矿石，上面往往长忍冬；地下有锌矿，上面多长三色堇。兰液树分泌物里镍含量较高时，它告诉人们：注意，这里可能有镍矿！美国曾靠一种粉红色的紫云英的"提示"，发现了铀矿和硒矿。

许多绿色植物，还起着化学试剂的作用。杜鹃花、铁芸箕共生的地方，土壤一定是酸性的；马桑遍野之地，土壤呈微碱性；碱茅、马牙头群居处，是盐化草甸土的标志；如果荨麻、接骨木的叶里含有铵盐，预示它们生长的土壤中含氮量丰富……

绿色植物是庞大的"吸碳制氧厂"。植物的绿叶吸取空气中的二氧化碳，在日光和叶绿素的作用下，跟由植物吸收的水分发生反应，形成葡萄糖，同时放出氧气：

$$6CO_2 + 12H_2O \xrightarrow[\text{叶绿体}]{\text{光能}} C_6H_{12}O_6 + 6H_2O + 6O_2 \uparrow$$

再由葡萄糖分子形成淀粉：

$$nC_6H_{12}O_6 \Longrightarrow (C_6H_{12}O_6)_n + nH_2O$$

当淀粉在叶子里受酶的作用时又合成为葡萄糖：

$$(C_6H_{12}O_6)_n + nH_2O \Longrightarrow nC_6H_{12}O_6$$

葡萄糖随着植物液汁散布到整个植物体内，成为用以合成各种植物生长所必需的物质的原料。一部分植物被动物摄取后，在体内水解并进一步氧化，又将有机物中的碳转化为 CO_2，排入大气（或海洋）中。

在"环境污染日益严重"的惊呼声中，绿色植物起着"报警器"的作用。在低浓度、很微量污染的情况下，人是感觉不出来的，而一些植物则会出现受害症状。人们据此来观测与掌握环境污染的程度、范围及污染的类别和毒性强度，进而采取相应的措施和对策，及时提出治理方案，防止污染对人体健康的危害。

如当你发现在潮湿的气候条件下，苔藓枯死；雪松呈暗褐色伤斑，棉花叶片发白；各种植物出现"烟斑病"。请注意，这是 SO_2 污染的迹象。菖蒲等植物出现浅褐色或红色的明显条斑，是中毒的不祥之兆。假如丁香、垂柳萎靡不振，出现"白斑病"，说明空气中有臭氧污染。要是秋海棠、向日葵突然发出花叶，多半是讨厌的 Cl_2 在作怪。

绿色植物是空气天然的"净化器"，它可以吸收大气中的 CO_2、SO_2、HF、NH_3、Cl_2 及汞蒸气等。据统计，全世界一年排放的大气污染物有 6 亿多吨，其中约有 80% 降到低空，除部分被雨水淋洗外，大约有 60% 是依靠植物表面吸收掉，如 1 公顷柳杉可吸收 60 千克 SO_2。许多植物在它能忍受的浓度下，可以吸收一部分有毒气体。例如，空气中出现 SO_2 污染，广玉兰、银杏、中国槐、梧桐、樟树、杉、柏树、臭椿纷纷主动来吸收；若发现 Cl_2 污染，油松、夹竹桃、女贞、连翘一起去迎战；发现污染，构树、杏树、郁金香、扁豆、棉花、西红柿一马当先吸收之；洋槐、橡树专门对付光化学烟雾。

此外，树木还能吸收土壤中的有害物质。施用农药及用污水、污泥作肥料，会污染土壤继而污染了农作物，如粮食蔬菜内有残留的有机氯会转移到人体内，而树木可吸收土壤中的有机氯，净化土壤。

随着石油等矿物资源的不断枯竭，人们再次把注意力转向可以再生的资源——森林，除利用其薪柴外，正加快开发"石油人工林"——直接能代替石油的烃类和油脂类的树种，它产生的液汁甚至不用加工就可以用作汽车的燃料。如诺贝尔化学奖获得者美国加利福尼亚大学化学博士卡尔文，在澳洲南部建立了一个"柴油林场"，这种植物生长在半干旱地区，产量很高，价格可与石油竞争。卡尔文还在巴西发现一种可直接用作汽油的含油植物——苦配巴。

绿色植物是一个大"化工厂"，不但制造养分把养分储藏在土壤中，而且它本身全是宝。木材经过机械和化学加工，可以产生胶合板、刨花板、纤维板，制成纸浆、人造丝、人造毛。还可以制成多种糖类和甲醇、乙醇、糖醛、活性炭、醋酸等。树木的枝、梢、叶可作饲料、肥料、燃料。有些树木的皮、根、树液还可提炼松香、橡胶、栲胶、松节油等工业原料。

远古有神农尝百草的传说，李时珍编著的《本草纲目》更是驰名中外。直到今天，还有新的中草药不断被发现利用，但草的最广泛的用途还是放牧。单是我国的牧草就有 1.5 万种以上，牧草含有丰富的蛋白质，一般含量为 10％ 左右，牛羊等动物，吃进青青的草，产出高蛋白的乳。

葱郁的枝叶，芬芳的果花，无不令人陶然。然而，植物群落中各种族之间又无时无刻不进行着化学战争。植物化学武器的种类很多，几乎都是有机物，酸类有：香草酸、肉桂酸、乙酸、氢氰酸等；生物碱类有：奎宁、单宁、小檗碱、核酸嘌呤；醌类有：胡桃醌、金霉素、四环素；硫化物有：萜类、甾类、醛、酮、卟啉等等，这些化学武器分布于各类植物中，多集中于植物的根、茎、叶、花、果实及种子中，可随时释放。

植物间的化学战有"空战"、"陆战"、"海战" 3 类。

空战：植物把大量毒素释放于大气中，形成大气污染使其他植物中毒死亡。加洋槐树皮挥发一种物质能杀死周围杂草，使根株范围内寸草不生；风信子、丁香花都是采用空战治敌的。

风信子

陆战：这些植物把毒素通过根尖大量排放于土壤中，对其他植物的根系吸收能力加以抑制。如禾本科牧草高山牛鞭草，根部分泌醛类物质，对豆科植物旋扭山、绿豆生长进行封锁，使之根系生长差，根瘤菌也明显减少。

海战：利用降雨和露水把毒气溶于水中，形成水污染而使对方中毒。如桉树叶的冲洗物，在天然条件下可以使禾本科草类和草本植物丧失战斗力而停止生长；紫云英叶面生的致毒元素——硒，被雨淋入土中，就能毒死与它共同占据一山头的植物异种。

绿色世界中的化学变化是异常复杂多变的，人们对其的认识大部还处在"知其然，不知其所以然"的状态，有待于进一步去研究。

知识点

松节油

以富含松脂的松树为原料，通过不同的加工方式得到的挥发性具有芳香气味的萜烯混合液称为松节油。松节油的成分随树种、树龄和产地的不同而异，用马尾松松脂加工的优级和一级松节油，其主要成分是a－蒎烯，其次是b－蒎烯、苎烯等。还有少量的倍半萜烯，即长叶烯和石竹烯。松节油是一种优良的有机溶剂，广泛用于油漆、催干剂、胶黏剂等工业。近年来，松节油更多地用于合成工业。

人体中的铁为什么不生锈

　　身上的铁基本上存在于血液中的红细胞里。红细胞的主要成分是血红蛋白，血红蛋白中就含有铁。血红蛋白里的铁在肺部遇到氧，它们就会手拉手地合在一起，形成氧合血红蛋白，这就是血细胞在肺部"装"氧的秘密。要是体内缺铁，血红蛋白就不足，就会发生贫血，于是体内的氧也就有所减少，而缺氧是不利于健康的。谁都知道，晒衣服的铁丝会慢慢生锈。生锈是因为铁与氧接触发生化学反应的缘故。所以，工厂里的许多机器总要用油漆保护起来。

　　然而，血红蛋白既然以铁为原料，而且又是装氧的工具，为什么它们不会生锈呢？

　　学者的解释是：血中的铁被"锁"在血红蛋白的复杂的结构里，可以吸取氧，却又无法与氧起化学反应，所以不会生锈。

　　那么，每天大量红细胞死亡，死亡的红细胞又留下了铁，这些铁已被解"锁"，为何仍不会生锈呢？那是因为它们立即被某种蛋白球收集、储存起来了。这种蛋白球有防锈功能。待身体需要这些铁时，蛋白球可以把铁再放出来，使之重新成为血红蛋白。

　　应该说，现在对"人体中的铁不生锈"的解释还是初步的，彻底弄清其中的奥妙，还得靠日后的科学研究。

舍利子形成之谜

　　2002 年 2—3 月间，安奉于陕西省扶风县法门寺的佛指舍利赴台湾巡礼，引起极大轰动。为确保佛指舍利在运送、巡礼期间的万无一失，两岸有关方面制定、采取了极其周密的安全保卫措施：在为坛城（放置佛指舍利的鎏金铜塔，重 63 千克、高 134 厘米）安装了重达 270 千克的防弹、防火、防震玻璃罩的同时，两岸佛教界 400 多人，乘两架专机随机护送；到台后，从机场到供奉佛指的台大体育馆，沿途 10 万信众恭迎，可谓万人空巷；安置佛指的舍利亭内装有红外线感应器和摄像头，可随时监控现场情况；与此同时，由大陆 24 名武僧、台湾 120 名金刚组成的护法团，与其他有关人员配合，组成 4 道屏障，24 小时护卫。这一切，足见佛指舍利的珍贵和重要！

如此兴师动众、牵动人心的佛指舍利究竟为何物？

舍利是指佛祖释迦牟尼（即《西游记》中的如来佛）圆寂火化后留下的遗骨和珠状宝石样生成物。据传，2500 年前释迦牟尼涅槃，弟子们在火化他的遗体时从灰烬中得到了一块头顶骨、两块肩胛骨、四颗牙齿、一节中指指骨舍利和 84 000 颗珠状真身舍利子。佛祖的这些遗留物被信众视为圣物，争相供奉。在历史烟云的变幻中，绝大多数舍利被散失、湮没、毁坏。不幸中的万幸，1987 年在法门寺的地宫中发现了许多唐代古物，这颗世界上唯一的佛指舍利即在其中。出土时，佛指舍利用五重宝函包装着，高 40.3 毫米，重 16.2 克，其色略黄，稍有裂纹和斑点。据史料记载，唐时，该舍利"长一寸二分，上齐下折，高下不等，三面俱平，一面稍高，中有隐痕，色白如雨稍青，细密而泽，髓穴方大，上下俱通"。所记与实物吻合，只是颜色因受液体千年浸泡变得微黄了。

舍利子

在上述几种舍利中，珠状舍利子的生成至今是个谜。这种舍利子并非虚无缥缈的传说之物，因为在现代修行的佛教人士当中，圆寂火化后，也曾有此现象产生，尽管个例罕见。笔者手头有《今晚报》1994 年 7 月 20 日摘自《江南晚报》的一则报道：苏州灵岩山寺 82 岁的法因法师圆寂火化后，获五色舍利无数，晶莹琉璃一块，且牙齿不坏。尤为奇特的是，火化后其舌根依然完整无损，色呈铜金色，坚硬如铁，敲击之，其声如钟，清脆悦耳，稀世罕见。

遗体火化，不仅是个燃烧的过程，其实也是个熔炼的过程。上述珠状舍利子是身体中的哪些成分熔铸而成的？我们普通人，死后火化时有些人是否也能生成些舍利子？有人分析，佛教界的一些修行之士之所以能够生成舍利子，与其长期素食和饮山泉水有关。菜蔬和山泉中富含各种矿物质，经几十年积累，人体各部含量很多，圆寂火化后便"炼制"出了舍利子。此说是否正确，有待进一步研究。

《今晚报》还曾有这样的报道并附有照片：天津市大港医院在对一胆结石患者进行胆囊摘除术后，从其胆囊内发现大如蚕豆、小若米粒的结石近千粒。说来，患结石症的人很多，结石也并不少见，多为水垢样，颜色难看。唯独这位患者的千粒结石，颜色各异，宛如雨花石和宝石，美丽奇特，堪称一绝（见1994年7月7日报纸）。这种宝石样的结石与舍利子的生成有关系吗？希望有科技工作者能解开这个谜。

知识点

琉　璃

琉璃，亦作"瑠璃"，是指用各种颜色的人造水晶（含24%的二氧化铅）为原料，采用古代青铜脱蜡铸造法高温脱蜡而成的水晶作品。其色彩流云溢彩、美轮美奂；其品质晶莹剔透、光彩夺目。这个过程需经过数十道手工精心操作方能完成，稍有疏忽即可造成失败或瑕疵。

延伸阅读

舍利子的形成

关于舍利子的形成，历来众说纷纭，莫衷一是。有些学者提出，由于佛门僧人长期都是素食，摄入了大量的纤维素和矿物质，经过人体的新陈代谢，极易形成大量的磷酸盐、碳酸盐等，最终以结晶体的形式沉积于体内而形成。然而这种解释并不完全令人信服。世界上素食主义者成千上万，为何并无舍利子出现？佛门弟子不计其数，为什么不是每个人都有舍利子呢？舍利子一般超不出以下几种来源：结石，骨头，牙齿，死者携带的随葬品或人为放入骨灰中的东西。一些学者认为，舍利子可能是一种病理现象，类似胆结石、肾结石之类。这种解释也难自圆其说，不少患结石症的病人，死后火化，无一例有舍利子存在，况且出舍利的高僧生前几乎都是身体健康、安详自在的长寿老人。

还有，如：舍利为何有大有小？有多有少？舍利为何色泽不一，五光十色？更让人百思不解的是心脏久焚不化，由软变硬，成为一个巨大的舍利子。这在佛教史上时有所闻。

舍利子可能一种能量所化，大家都知道舍利子是高僧圆寂的产物，而且是佛法高深的高僧才有，我们不妨假设佛法是一门功法，长期修习佛法能够产生一种特殊的能量。这就像武侠小说里的修习出内功一样。但是由于环境的变化，机遇不同或功法有缺陷而不能把它修到开山裂石，移山填海的地步，因此这些能量留在人体内，待高僧死后火化，煅烧出来后就成了舍利子，这就解释了为什么只有高僧才有，而每位高僧由于修习的佛法不同，造诣各有高低，使得燃烧出来的舍利子有不同的颜色和大小。

人体里化学元素之谜

古时候，人们就在猜想，人的身体是由什么物质组成的，这些物质又是一些什么异乎寻常的东西呢？早在18世纪，就有人发现，人的尸体经过燃烧后留下的白灰，是一些无机盐。这个发现引起了科学家的兴趣。从那时起，200多年来，科学家为揭开组成人体化学物质的秘密，作出了巨大的努力。

人体里哪些化学元素呢？根据现代科学的测定，在人体里已经找到的元素有几十种之多，人体的99%是由氧、碳、氢、氮、钙、磷、钠、钾、氯、镁、硫等十几种元素组成，这些化学元素叫做人体必要的大量元素。人体的其余部分（约占1%）是由铁、铜、锌、碘、氟、锰、溴、硅、铝、砷、硼、锂、钛、铅等许多种元素组成的，这些元素叫做人体的微量元素。

化学元素与人的生命和健康有着很大的关系哩！氧，是地球上最多的元素，也是人体中最多的一种元素。大家知道，水是氢和氧两种元素组成的。一个体重50千克的少年，大约有30千克的水，而其中氧就占26千克，况且身体其他不含水的部分也含有氧。人在呼吸时，吸进的是氧气。人一星期不喝水才会造成死亡。但如果停止呼吸 6 ~ 7 分钟，便会死亡。一个 13 ~ 14 岁的少年，每分钟要呼吸 20 次左右，每次大约吸入 1/3 升氧气，一天需要 9 000 升左右的氧气。你看，氧气对人的生命来说是多么重要呀！

人们知道，一切生命现象都离不开蛋白质。那么蛋白质是什么呢？经过化学家分析，发现氮是组成蛋白质的重要成分。比如：头发、指甲以及人体中的各种酶、激素、血红蛋白都是蛋白质。因此，可以说氮是生命的基础。

你们大概知道，那黑黑的木炭与煤就是碳（含有一些杂质）。难道碳也是人体里的重要元素吗？是的，人在呼吸时，吐出的是二氧化碳，这是人体中的碳与空气中的氧化合的结果；事实上，科学家早已发现，碳的足迹遍布人的全身哩。

人体的 18% 是碳。碳的化合物叫做有机化合物（少数简单的碳的化合物除外）。人的机体从头到脚，从里到外，几乎都是有机化合物组成的。人能站立，是靠体内的骨骼支撑住的，没有骨骼，人的体形是很难设想的。人的骨头的主要成分是磷酸钙，所以钙是长骨骼的原料。人体里的钙，99% 在骨头中，骨头的坚硬就是由于磷酸钙沉积在里面的缘故。当骨头中缺少足够的钙与磷时，骨头就不能钙化（硬化），结果骨质就要软化。孩子比成年人更需要钙，就因为他们的骨头正在不断长大。血液中也含有一定量的钙离子，没有它，皮肤划破了，血液就很不容易凝结。钙和神经肌肉活动也有关系，当血浓中钙的浓度降低了，外界只要有一点极轻微的刺激，就会使神经肌肉产生强烈的反应，甚至发生全身抽搐。

现在你该懂得钙对人体的重要了。也许你会说，多吃些钙粉或钙片就好了。不行！人一昼夜大约只需要吸收 1 克的钙。过量的钙，会引起人的心脏病。只要你不偏食，各种食物都吃，你所需要的钙是能从每天的食物中得到的。

人体里的磷大约有 1 千克。这个数量足够火柴厂生产几百个火柴盒，因为火柴盒两边涂的物质就是磷。磷在人体和生命中执行着好几个重要的任务。如果骨头里失去了磷，人体就会缩做一团，不成一个样子。肌肉失去了磷，就会失去运动能力，你就不能打球跑步做游戏。在人的脑神经组织中，也有许多磷的化合物——磷脂，如果脑子失去了磷，人的一切思想活动就会立即停止。

食盐

食盐不仅是增进食欲的调味品，还是人体维持生命活动的必需品。你如果尝一下血液的味道，会感觉到血液具有咸味。正是这个缘故，人天天要吃盐。正常的人每天要吃 10～20 克的盐，一年大约要吸收 3～6 千克的盐，食盐的化学成分是氯化钠。人吃盐，就是为了吸收食盐里的钠离子。人体里如果缺少必要的钠离子，就会浑身无力，并使一系列组织器官的功能紊乱，影响神经肌肉的活动，严重时甚至会死亡。

人体中第一个被发现的微量元素是碘。纯净的碘是紫色的。事情是从甲状腺开始的。甲状腺是靠近喉头的一个器官，它分泌甲状腺素，促进全身的新陈代谢，促进骨骼的生长发育。19 世纪末，一个化学家知道了甲状腺的显著特点是含有碘，而人体里所有其他组织都没有碘。到了 20 世纪初，有一个医生发现，一些内陆地区的居民与儿童的脖子，要比其他地区的人肥大，领扣扣不起来，甚至眼球突出，动作迟钝。后来经过研究，终于知道了：人体内大约有 20 毫克（相当于一小粒米的重量）的碘，人体每天大约需要 140 微克的碘。"大脖子病"（甲状腺肿大）就是由于缺乏少量的碘而引起的。

人体的血液总量约为体重的 8%。一个体重 60 千克的人，血液总量约为 4.8 千克。一个成年人的血液里，大约只有 3 克铁，相当于一根小铁钉的重量。这些铁，有 3/4 是在血红素中。铁是制造血液里红细胞的主要原料。人体器官中，含铁最多的是肝和脾。血液中如果缺乏极微量的铁，血液的血红蛋白就会变得不足，从肺部运送到机体组织细胞去的氧气也就减少，影响人体的健康。严重缺铁时会引起贫血病，这时，脸色和皮肤苍白，头昏眼花，全身无力。

化学元素在人体内的作用，还可以列举出许多，但不论是人体内必要的大量元素，还是微量元素，只要缺少其中的任何一种元素，都会引起身体的变化。你看，研究和认识人体内的化学元素，是一个多么有意义的课题呀！

知识点

RENLEI ZAI HUAXUE SHANG DE TANZHI

蛋白质

蛋白质是生命的物质基础，没有蛋白质就没有生命。因此，它是与生命及与各种形式的生命活动紧密联系在一起的物质。机体中的每一个细胞和所有重要组成部分都有蛋白质参与。蛋白质占人体重量的16% ~ 20%，即一个60kg重的成年人其体内约有蛋白质9.6 ~ 12kg。人体内蛋白质的种类很多，性质、功能各异，但都是由20多种氨基酸按不同比例组合而成的，并在体内不断进行代谢与更新。

延伸阅读

氟与人体健康

氟是人体所必需的微量元素，在体内主要以 CaF_2 的形式分布在牙齿、骨骼、指甲和毛发中，尤以牙釉质中含氟量最多（约含0.01% ~ 0.02%）。

人体对氟的摄入量或多或少最先表现在牙齿上。当人体缺氟时，会患龋齿、骨骼发育不良等症，而摄入氟过多又会患斑釉齿，超量时还会引起氟骨症（即大骨节病）、发育迟缓、肾脏病变等。

龋齿俗称虫牙或蛀牙，是牙齿发生腐蚀的病变。牙齿的主要成分是羟磷灰石，正常情况下，人体摄取的氟与羟磷灰石作用在牙齿表面生成光滑坚硬、耐酸耐磨的氟磷灰石 $CaF_2 Ca_3 (PO_4)_2$，这是形成牙釉质的基本成分，而当缺氟时，构成牙釉质的氟磷灰石逐渐转化成易受酸类腐蚀的羟磷灰石，使牙齿被向内腐蚀而形成龋洞，且渐扩大直至全部被破坏。正常摄入氟，能维持或促使牙釉质的形成，也能抑制牙齿上残留食物的酸化，故氟有防龋作用。

斑釉齿是在牙釉面形成无光泽的白垩状斑块或黄褐色斑点，甚至发生牙齿变形，出现条状或点状凹陷的病变。斑釉齿可能是由于摄入氟量过多而妨碍了牙齿钙化酶的活性，使牙齿钙化不能正常进行，色素在牙釉质表面沉积，使牙釉质变色且发育不全所致。

人体对氟的生理需求量为 $0.5 \sim 1 mg/d$，通常摄取的氟主要来源于饮水，此外在谷物、鱼类、排骨、蔬菜中也含微量氟。一般情况下，饮食中的氟并不能完全被吸收，不同状态的氟（指不同食物中氟的存在方式）在人体内的吸收率也不同，饮水中的氟吸收率可达90%，而有机态氟的吸收率最低。正常情况下，人通过日常饮食便可摄入所需量的氟。

在人体必需元素中，人体对饮食中氟的含量最为敏感，从满足需求到由于含氟量过多而导致中毒病变的量之间相差不多。因此氟对人体健康的安全区间比其他微量元素要窄得多。故要特别重视自然环境和饮食中氟含量对人体健康的影响，尤其是工业排放的氟对环境污染给人类带来的危害。市场上销售的氟化牙膏中含有一定剂量的 F^-（NaF、SrF_2 等），在低氟地区使用具有防龋作用，但在高氟地区一定要慎用。

神奇的化学实验

>>>>>

实验，是科学研究的基本方法之一。实验室是科学的摇篮，是科学研究的基地，对科技发展起着非常重要的作用。实验室往往代表了世界前沿基础研究的最高程度，更主要的是，实验室成果一般都可以转化为推动生产力进步的动力，甚至成为社会变革的重要力量。

人类许许多多的重大发现，都是从实验过程中获得的。在实验室，各种奇怪的现象引起了科学家的求知欲望，促使他们不懈地努力，寻求真理。著名的实验造就了著名的科学家，如拉瓦锡证明空气是由氧气和氮气组成的实验、普利斯特列的合成氨实验、波义耳的指示剂实验等等。

科学家们根据科学研究的目的，尽可能地排除外界的影响，突出主要因素并利用一些专门的仪器设备，而人为地变革、控制或模拟研究对象，使某一些事物发生或再现，从而去认识自然现象、自然性质和自然规律。

天平不平衡之谜

取两只小烧杯，盛上同百分比浓度、同体积的盐酸若干毫升，把他们放在天平两边的托盘上，这时天平两边平衡。然后，分别朝这两烧杯加入等量的纯碳酸钙和锌粒，待反应完毕，如两边放出了等体积的气体，问天平是否仍保持平衡？若不平衡，指针偏向哪边？

解：此类题很容易迷惑人，题目中那些"同浓度"、"同体积"、"等量"等字眼会令某些粗枝大叶的同学不假思索地回答：天平保持平衡，指针指在标尺中间。然而，这个回答是错误的。我们解这种题，必须注意从反应生成的二氧化碳及氢气的质量上去考虑，否则不可能得出正确的答案。

我们先用化学方程式表达这两个烧杯里发生的化学反应：

天　平

$$Zn + 2HCl = ZnCl_2 + H_2\uparrow（左边）$$

$$CaCO_3 + 2HCl = CaCl_2 + H_2O + CO_2\uparrow（右边）$$

尽管 Zn 与 $CaCO_3$ "等量"，两边的盐酸"同百分比浓度"、"同体积"，反应产生的二氧化碳和氢气亦"等体积"，但是"等体积"不同于"等质量"，在同体积的情况下，二氧化碳的质量比氢气的质量大得多。若某一体积的氢气质量为 2 克，那么同体积的二氧化碳气体的质量就为 44 克。显然，原题目的答案应该是：天平左边下沉，右边上升，指针会向左边偏斜。

知识点

氢气

氢气是世界上已知的最轻的气体。它的密度非常小，只有空气的 1/14，即在标准大气压，0℃下，氢气的密度为 0.089 9 g/L。所以氢气可作为飞艇的填充气体。灌好的氢气球，往往过一夜，第二天就飞不起来了。这是因为氢气能钻过橡胶上人眼看不见的小细孔，溜之大吉。不仅如此，在高温、高压下，氢气甚至可以穿过很厚的钢板。氢气主要用作还原剂。

延伸阅读

科学家用农业废弃物制取燃料氢

氢作为一种清洁能源已被广泛重视，并普遍作为燃料电池的动力源，然而制取氢的传统方法成本高，技术复杂。美国研究人员日前开发出一种利用木屑或农业废弃物的纤维素制取氢的技术，有望解决氢制取费用高的难题。

来自美国弗吉尼亚理工大学、橡树岭国家实验室等机构的研究人员发表报告说，他们把 14 种酶、1 种辅酶、纤维素原料和加热到 32℃ 左右的水混合，制造出纯度足以驱动燃料电池的氢气。

研究人员说，他们的"一锅烩"过程有不少进步，比如采用与众不同的酶混合物，还提高了氢气的生成速度。此外，除了把纤维素中分解出的糖转化为化学能量外，这一过程还可产出高质量的氢。

研究人员说，他们主要使用从木屑中分解的纤维素原料制取氢，不过也可以使用稻草、废弃的庄稼秆等。木屑或农业废弃物资源非常丰富，利用它们制取氢，不仅可降低制造成本，而且将大大扩大生产氢的原料资源。

▌▌▌ 硫化钙遇水即分解之谜

硫化钙与硫化钠等碱金属硫化物一样，都可以视作为强碱弱酸盐，在水溶液中水解的只有 S^{2-}。为什么通常情况下硫化钠等碱金属硫化物可以存在于水溶液中，而硫化钙遇水即要分解呢？许多学生对此颇感疑惑，笔者认为这一问题可从硫化物的水解度大小来加以解释。

《酸、碱和盐的溶解性表》是根据通常情况下物质在水溶液中达到饱和溶解状态时表现出的溶解性能制成的。室温时溶解度大于 1 克的称为可溶物质；溶解度在 1~0.01 克之间的叫微溶物质，溶解度小于 0.01 克的叫难溶或不溶物质。由上述标准可以预料，通常情况下的饱和溶液中，水解的 Na_2S 很少，而 CaS 的水解度却很大，绝大部分 CaS 都要发生水解。饱和溶液中溶质的浓度愈大，水解的程度愈小。因此我们可以认为 CaS 遇水即要分解，化学反应方程式为：

$$2CaS + 2H_2O === Ca(OH)_2 + Ca(HS)_2。$$

综上所述，CaS 遇水发生分解的原因一方面是 S^{2-} 的水解能力较强，另一方面是因为 CaS 的溶解度很小（介于可溶与难溶之间），致使饱和溶液中的水解度很大。

知识点

碱金属

碱金属指的是元素周期表ⅠA族元素中所有的金属元素，目前共计锂（Li）、钠（Na）、钾（K）、铷（Rb）、铯（Cs）、钫（Fr）6 种，前 5 种存在于自然界，钫只能由核反应产生。碱金属是金属性很强的元素，其单质也是典型的金属，表现出较强的导电、导热性。碱金属的单质反应活性高，在自然状态下只以盐类存在，钾、钠是海洋中的常量元素，在生物体中也有重要作用；其余的则属于轻稀有金属元素，在地壳中的含量十分稀少。

延伸阅读

未来的第三金属

人类使用最广泛的金属最早是铜，其次是铁，然后是铝，据估计，21 世纪钛将成为铁和铝之后的第三金属。

钛强度大，密度小，所以是航空航天飞行器中理想的结构材料，据统计美国每年生产的钛有75%用于制造飞机的机体构件和发动机部件。采用钛可以大幅度减轻飞行器的重量，提高飞行器中的飞行性能和运载能力。

钛与铝和铁一样，可以与一些金属元素形成合金，钛合金以其优越的特性已被广泛应用到生活的各个领域，并发挥着越来越重要的作用。

用钛合金制造的手表壳，重量轻、耐磨、不生锈，已达到了"一旦拥有别无所求"的境界。钛合金的弹性模量和人体骨骼的弹性模量相近，与人体具有很好的相容性，被称为"亲生物金属"，用钛片和钛螺丝治疗骨折，有意想不到的效果，只要过几个月，新骨和肌肉会把钛片等结合起来，因此钛是理想的人体牙科植入物和人工关节材料。

目前，钛合金牙托、牙齿已被大量应用于临床，用钛合金制作的人工心脏、瓣膜、人工关节等都在临床应用中取得了良好的效果。

钛还有良好的远远优于不锈钢的抗腐蚀性能。化工厂的反应罐、输液管道，如果用钛钢复合材料来代替不锈钢，使用寿命会大大延长。

初期使用的钛及其合金制品都是锻造加工件，加工难度大，生产加工成本高，因而限制了它的用量的增加和应用范围的扩大。

为了改变这种状态，就出现了钛及其合金的精密铸造技术。由于钛在融溶状态下，具有很高的化学活性，又与空气中的氮、氢、氧发生剧烈的化学反应，因而它的熔炼与铸造必须在真空下进行，融化坩埚和造型材料，对于融熔钛是稳定的，这就造成了钛及其合金精铸技术大大难于铝和钢，需要借助高科技手段才能实现。

我国科研人员研究成功具有高温下对融钛稳定能承受1 500℃以上热冲击和足够高温强度，同时，具备良好的工艺性能和较低成本的新型材料与黏合剂。使我们这项技术达到了国际先进水平，制造出了各种钛合金精铸件，并实现了规模化生产。

水助燃之谜

中国有句俗语叫"水火难容"，意思是说水是火的对头，两者是势不两立的事物。水能灭火也是常见的事实。大家知道，只要哪里发现火灾，消防车就会隆隆地开去，喷出"大水"，火便会很快熄灭。但是，在特定的条件下，水却能帮助燃烧哩！或许您早已注意到，在工厂或老虎灶旁边的煤堆里，工人师傅常把煤堆浇得湿淋淋的，如果您问他们为什么要浇水时，他会告诉您说："湿煤要比干煤烧得更旺。"难道这是可能的吗？

燃　烧

原来，世界上一切事物，都会按不同的条件表现自己的独特性格。水也不例外，其实水能助燃，也表现在日常生活上，当你在烧开水时，如果壶里水开了溢出来，落到煤炉上，顿时火焰会变得更旺。究其原因也不复杂，因为，当炉膛中煤燃烧的温度很高时，加入少量水，就会和煤起化学作用生成一氧化碳和氢气：

$$C + H_2O \xrightarrow{\text{高温}} CO\uparrow + H_2$$

一氧化碳和氢气都是燃烧的能手，这样一来，炉膛内的火就会烧得更旺，水能助燃的奥秘就在这里。为了证明上述的原理，我们可以做下面的一个实验。烧瓶中放入200毫升水，在另一燃烧管中放入粒状硬质煤块，实验开始时先用小火匀热燃烧管，再大火对着煤块加热使煤块变红，同时把烧瓶中的水煮沸，使水蒸气通过燃烧管，此时在另一端燃烧管口点燃，就有蓝色火焰出现。这个实验，也是工业上制造水煤气的原理。

除碳外，水也可和其他非金属元素起作用：水和氟能在常温下发生剧烈反应，生成氟化氢和氧气：

$$2H_2O + 2F_2 = 4HF + O_2\uparrow$$

在光的催化下，氯也可和水作用生成盐酸和次氯酸：

$$Cl_2 + H_2O = HCl + HClO$$

至于不活泼的非金属元素如溴、碘、磷等一般就不能和水作用了。

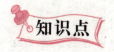

知识点

水煤气

　　水煤气是水蒸气通过炽热的焦炭而生成的气体，主要成分是一氧化碳、氢气，燃烧后排放水和二氧化碳，有微量 CO、HC 和 NO_x。燃烧速度是汽油的 7.5 倍，抗爆性好，据国外研究和专利的报道压缩比可达12.5。热效率提高 20%~40%，功率提高 15%，燃耗降低 30%，尾气净化近欧 IV 标准，还可用微量的铂催化剂净化。比醇、醚简化制造和减少设备，成本和投资更低。

延伸阅读

气体和液体的"怪脾气"

　　1912 年秋天，在当时算是数一数二的远洋巨轮"奥林匹克"号，正在波浪滔滔的大海中航行着。

　　很凑巧，离开这"漂浮的城市"100 米左右的海面上，有一艘比它小得多的铁甲巡洋舰"豪克"号，同它几乎是平行地高速行驶着，像是要跟这个庞然大物赛个高低似的。忽然间，那"豪克"号似乎是中了"魔"一样，突然调转了船头，猛然朝"奥林匹克"号直冲而来。在这千钧一发之际，舵手无论怎样操纵都没有用，"豪克"号上的水手们一个个急得束手无策，只好眼睁睁地看着它将"奥林匹克"号的船舷撞了一个大洞。

　　究竟是什么原因造成了这次意外的船祸？在当时，谁也说不上来，据说海事法庭在处理这件奇案时，也只得糊里糊涂地判处船长制度不当呢！

　　后来，人们才算明白了，这次海面上的飞来横祸，是伯努利原理的现象。就是气体和液体都有这么一个"怪脾气"，当它们流动得快时，对旁侧的压力就小；流动得慢时，对旁侧的压力就大。这是力学家丹尼尔·伯努利在1726 年首先提出来的，因此就叫做伯努利原理。

当两条船并排航行时，由于它们的船舷中间流道比较狭窄，水流得要比两船的外侧快一些，因此两船内侧受到水的压力比两船的外侧小。这样，船外侧的较大压力就像一双无形的大手，将两船推向一侧，造成了船的互相吸引现象。"豪克"号船只小重量轻，突然就跑得更快些，所以看上去好像是它改变了航向，直向巨轮撞去。

同样道理，当刮风时，屋面上的空气流动得很快，等于风速，而屋面下的空气几乎是不流动的。根据伯努利原理，这时屋面下空气的压力大于屋面上的气压。要是风越刮越大，则屋面上下的压力差也越来越大。一旦风速超过一定程度，这个压力差就"哗"地一下掀起屋顶的茅草，使其七零八落地随风飘扬。正如我国唐朝著名诗人杜甫《茅屋为秋风所破歌》所写的那样："八月秋高风怒号，卷我屋上三重茅。"所以，在火车飞速而来时，你决不可站在离路轨很近的地方，因为疾驶而过的火车对站在它旁边的人有一股很大的吸引力。有人测定过，在火车以每小时50千米的速度前进时，竟有8千克左右的力从身后把人推向火车。你瞧，这有多危险啊！

你现在明白了吧，为什么到水流湍急的江河里去游泳是很危险的事。有人计算了一下，当江心的水流以每秒1米的速度前进时，差不多有30千克的力在吸引着人的身体，就是水性很好的游泳能手也望而生畏，不敢随便游近呐！

用电写字之谜

电在生活中的广泛用途是不言而喻的。你瞧，电灯、电影、电视、电炉、电子琴……哪样离得开它呢。但是听到电还可用来写字，也许你会不相信吧，可这是千真万确的事情。

在一个玻璃杯中，放入少量食盐，再加进一些水和十几滴无色的酚酞溶液，用玻璃棒搅拌使食盐溶解；然后把一张白纸浸入玻璃杯中，待纸浸透后取出，放在一块铜板或铜片上面。接着再把2~4节干电池串联起来，用导线把电池的正极接在铜板上，负极接在一支两头都削尖的铅笔的一头上，用铅笔的另一头轻轻地在纸上写字：嘿，铅笔划处，竟出现了十分醒目的红字。

这里的奥秘在于：用石墨制成的铅笔芯是能够导电的。白纸上的食盐水通电后，会被电解，分离成氯气、氢气和烧碱；而烧碱遇到无色的酚酞溶液会变成红色。于是铅笔写过字的地方就留下了红色的字迹。如果用碘化钾、淀粉溶液浸透白纸，然后再把铅笔的一头与铜板的电极互换一下，那么写出来的就是蓝紫色的字了。

知识点

石 墨

石墨是元素碳的一种同素异形体，每个碳原子的周边连结着另外3个碳原子（排列方式呈蜂巢式的多个六边形）以共价键结合，构成共价分子。由于每个碳原子均会放出1个电子，那些电子能够自由移动，因此石墨属于导电体。石墨是其中一种最软的矿物。它的用途包括制造铅笔芯和润滑剂。

延伸阅读

科学家发现 C_{70} 单晶具有超导性

10年前科学家首次观察到电子掺杂的 C_{60} 分子具有超导性。自那时起，科学家对富勒烯家族中的另一成员 C_{70} 做过多次实验，但始终未观察到它也具有预期的超导性。最近，美国贝尔实验室的科学家宣布，他们在研究中已观察到了电子掺杂的 C_{70} 所具有的超导性，而且发现其超导转换温度大约为 7K。

据《自然》杂志报道，研究人员利用与制取 C_{60} 相同的方法制取了不足1立方毫米的 C_{70} 单晶体，然后在氙气中将晶体进行处理，发现晶体并没有与这种惰性气体结合。通过 X 射线分析，科学家发现 C_{70} 单晶体是六角紧密堆积的六方晶体，其 c 轴和 a 轴比值为 1.63。

在随后的实验中，研究人员又以金作电极、以氧化铝作绝缘膜，制备了一个超导—绝缘—超导的场效应晶体管。研究人员观察发现，这个场效应晶体管是 N 沟道晶体管，当置于一个强磁场时，晶体分子的最表层会聚集相当数量的自由电子。当温度超过1.7K时，含3个自由电子的C_{70}分子显示出超导性。而当温度为7K时，含4个自由电子的C_{70}的电阻开始下降，当温度为6K时，其电阻下降了一半。这表明电子掺杂的C_{70}开始由常态向超导态过渡。

科学家认为，这一实验结果表明，富勒烯家族其他成员也极有可能具有超导性。此前实验证实，电子掺杂的C_{60}最高转换温度为40K，而此次测知电子掺杂的C_{70}的转换温度为7K，这一变化正好印证了科学家的预言，即电子—分子的耦合效应随分子曲率的增加而增加。那么，如果电子密度恰当的话，像C_{36}这样较小富勒烯的超导转换温度甚至应该高于C_{60}。

一加一不等于二之谜

把一杯水倒进盆里，再倒进一杯水，盆里就是两杯水。同样，把一杯盐倒进罐里，再倒进一杯盐，罐里就有两杯盐了。如果把一杯盐和一杯水倒进盆里，那么盐水是不是两杯呢？请你做完下面的实验再回答。

实验一实验用具：（1）天平一架。如果没有现成的天平，可以找一根粗细均匀的竹棍、两个同样的罐头瓶盖和一些线绳，做一个简易的天平。砝码可以用硬币代替。（2）量筒一个。没有现成的量筒，用一个大些的药瓶来代替也行。剪一张比瓶身短一点的窄纸条，把它对折成10等分，并画出记号，然后贴在瓶子上。（3）一根玻璃棒，或者一根筷子。

实验方法：先用量筒取3个单位盐，放在天平上一称一称，记下它的质量多少，将盐倒在纸上。再用量筒取7个单位水，也用天平称一称，并记下质量多少。然后把称过的盐徐徐倒入量筒。当盐还未溶解时，看看水面在什么位置，并记下来。接着，拿玻璃棒插进量筒，轻轻搅动，使盐充分溶解，再看看液面在什么位置。你一定会发现，盐充分溶解后的液面比盐没有溶解时的水面低一些。那么，盐充分溶解后的盐水的质量是不是比原来盐和水的质量小呢？你可以把它放在天平上称一称，盐水的质量正好是盐和水的质量的总和，一点也没有减少。

实验二刚才做的实验是固体（盐）和液体（水）混合的情况。液体和液体混合的情况又如何呢？请你再做下面的实验。

实验用具：天平一架，量筒两个，玻璃棒一根。

实验方法：用一个量筒取 4 个单位的酒精，放在天平上称一称，记下质量多少。用另一个量筒取 6 个单位的水，放在天平上称一称，也记下质量多少，然后把水徐徐注入酒精量筒。在两种液体尚未混合时，看一看液面在什么位置。再用玻璃棒搅动，使两种液体混合，再看看液面的位置。接着，你再把酒精和水混合的液体放在天平上称一称。你会得到同前一个实验一样的结果。

这两上实验说明：无论是固体溶解在液体里，还是液体和液体混合成溶液，混合后液体的质量等于混合前两种物质的质量的总和，而混合后液体的体积却小于混合前两种物的体积的总和。

这是为什么呢？想一想！想过以后再看下文。

我们知道各种物质都是由分子组成的。各种物质的分子都有各自的质量和体积。质量的定义告诉我们：质量是物质本身的一种属性，它不随物质的形状、温度或状态的不同而改变，也不随物质的位置不同而变化。当两种物质混合后，它们的形状、位置发生了变化，但是质量并没有发生变化，所以混合前同混合后的质量相等。而体积就不同了，因为各种物质的分子有大有小。某种物质的分子大，它的分子与分子之间的空隙也大，某种物质的分子小，它的分子与分子之间的空隙也小。当小分子的物质和大分子的物质混合成溶液时，前者的分子就会填充在后者的分子空隙里。因此，两种物质混合成溶液后的总体积一般小于两种物质原来的体积的总和。这就像把一满碗花生米和一满碗小米混合后，未必有两满碗一样。当然，也有例外的情况，不过，这要等你将来 学了更多的化学知识以后，才能进一步了解。

知识点

小 米

小米是粟脱壳制成的粮食，因其粒小，直径 1 毫米左右，故名。原产于中国北方黄河流域，中国古代的主要粮食作物，所以夏代和商代属于"粟文化"。粟生长耐旱，品种繁多，俗称"粟有五彩"，有白、红、黄、黑、橙、紫各种颜色的小米，也有黏性小米。

延伸阅读

"人造牛排"和"全素烤鸭"

在商店里，你可以买到"植物蛋白肉"。"植物蛋白肉"这个名字有点古怪，既然是肉，怎么又是植物蛋白呢？有人甚至幻想，将来有一天会出现"酱汁人造牛排"、"全素烤鸭"。

这是怎么回事呢？话得从头说起。我们的食物不论来自植物、动物还是微生物，在化学家的眼里不过是一些蛋白质、脂肪、糖、维生素、无机盐和水，而这些营养物质大部分是碳、氢、氧和氮4种化学元素构成的化合物，再配合少量的硫、磷、铁、氯、钠、碘、镁、钴等，不超过20种元素。

植物油和动物油都是由碳、氢、氧3种元素组成的脂肪酸和甘油结合的产物，可以说是大同小异。植物油通常是液态的，而动物油却是固态或冻状的，这是由于植物油含的氢比动物油少。于是，人们就用来源广泛的植物油做原料，通入氢气，在化学催化剂的帮助下，增加含氢量，再配上一些香精，便制造出了和奶油差不多的"人造奶油"。

人造奶油的发明曾得到过拿破仑的金奖。由于它不含胆固醇，而且价格低廉，颇受人们欢迎。全世界每年生产人造奶油近600万吨，已经超过天然奶油的供应量。

炖肉的鲜味来自蛋白质解体后的氨基酸。味精就是纯净的谷氨酸钠。谷氨酸是一种鲜美的氨基酸，也称"麸氨酸"，因为最早是由麦麸发酵制造得来的。

制造味精，一般是把面粉里的蛋白质——面筋洗出来，经过发酵，分解，提纯，生产出来味精。现在已经改用盐酸作为"化学刀"来"切开"蛋白质的新工艺生产味精，速度快，效率高。你看，从植物蛋白质得到了味道像肉那样鲜美的味精。味精是素的还是荤的呢？

前面说到的植物蛋白肉是由豆类蛋白质加工而来，配上味精等调料，吃起来还真有点肉味呢！利用植物蛋白或者石油微生物蛋白做原料，加工成鸡、鸭、鱼、肉的形状，淋洒点化学香精如鸡味素、鱼鲜精，再涂抹上食用色素，就成为以假乱真的"人造佳肴"了。

　　模仿自然物质，合成各种各样的香精和色素，对于化学家来说，并不难。比如，醋酸和酒精生成的醋酸乙酯有梨香味，戊酸异戊酯飘散出菠萝香，油酸和香草醛散发出浓郁的奶油芬芳。当然，人造食物要做到完全和天然的食物一模一样、分毫不差，不太容易。食品化学家用灵敏的化学分析仪器检验过，每种食品里含有几十种到上百种化合物，它们的品种和数量又是那么千差万别，稍有一点变化，风味就大不相同。

　　即使动用大型电子计算机来设计合成方案，也无济于事。将来，从化工厂里源源不断地生产出"人造牛排"、"全素烤鸭"的时候，你就不会感到吃惊了，因为这是化学创造的奇迹，化学使人造食物摆满餐桌。

狱中的化学实验

　　1839 年冬季，一个寒冷的夜晚，在美国康涅狄格州债务人监狱里，一名正在服刑的犯人坐在火炉旁，他一边烤火取暖，一边用手揉搓着一团胶泥般的东西。这名犯人叫古德伊尔，他随父亲一起做五金生意时，不慎破了产，因无力偿还债务，代父亲进了监狱。古德伊尔的父亲虽不善于经营，却是个业余发明家，他制作的几种新式农具，很受人们欢迎。在父亲的熏陶下，古德伊尔从小就喜欢动脑筋、搞发明，即使在服刑时，他也不肯放弃自己的爱好。

　　古德伊尔手中揉搓的那团胶泥，是橡胶与硫的混合物，他正在做改良橡胶性能的实验。5 年前，人们发现橡胶汁具有良好的防水性能，很想利用它做点什么。但遗憾的是，这种天然橡胶遇冷硬得像皮板，遇热则变得又软又黏，许多人都在设法改进它的性能。古德伊尔对此也很感兴趣，几年来他一直在研究这个问题，入狱后也没忘记继续做实验。古德伊尔听说用硫处理过的橡胶不发黏，自己也想试试。他按各种不同的配比进行实验，效果都不明显。一天，夜已经深了，古德伊尔的胳膊和手指又酸又痛，困乏也阵阵袭来，哎呀，不好！手中的橡胶团不知怎么掉在了火热的炉盖上，古德伊尔赶快用手抓起了橡胶团，并走到远离火炉的地方。这时古德伊尔惊讶地发现，刚才粘在炉盖上的那块橡胶变得十分柔软，尽管已经不热了，却一点儿也不像平常那样，遇冷就硬邦邦的；而没有被火烤过的地方依旧很硬。

"太棒了！看来，加热也许能改善橡胶的黏性和易受冷热影响的问题。"古德伊尔刚才的疲劳一扫而光，他兴致勃勃地继续做起实验来。果然，烤过的加硫橡胶增强了弹性，即使在高温下也不再又软又黏。古德伊尔进班房，

汽车轮胎

只是因为欠债，所以不久他就被释放了。出狱后，为了寻求最理想的加热温度和时间，古德伊尔又进行了许多次实验。1844 年，他终于制成了一种新型的橡胶——伏尔甘硫化橡胶，并获得了专利。"伏尔甘"是古代罗马的火神，正是火给古德伊尔带来了这个重大的发现，从而导致了重大的发明。

但是，古德伊尔的专利屡遭侵犯，在英国和法国，因为一些技术和法律上的问题，他丧失了专利权；在美国，他的专利权也未得到保护。尽管古德伊尔的发明给别人带来了巨额利润，他却因负债于 1855 年在巴黎再度入狱。1860 年，他在贫困中去世。有人估计，他死时负债仍达 20 万美元。

半个世纪后，人们把一种汽车轮胎命名为古德伊尔，以示对他的纪念，因为这种汽车轮胎是用他发明的伏尔甘橡胶制造的。

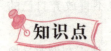知识点

硫

硫是一种元素，在元素周期表中它的化学符号是 S，原子序数是 16。硫是一种非常常见的无味的非金属，纯的硫是黄色的晶体，又称为硫磺。硫有许多不同的化合价，常见的有 -2，0，+4，+6 等。在自然界中它经常以硫化物或硫酸盐的形式出现，尤其在火山地区纯的硫也在自然界出现。对所有的生物来说，硫都是一种重要的必不可少的元素，它是多种氨基酸的组成部分，由此是大多数蛋白质的组成部分。它主要被用在肥料中，也广泛地被用在火药、润滑剂、杀虫剂和抗真菌剂中。

延伸阅读

神奇的"金属橡胶"

你能否想象，有一种材料既可以像橡胶一样弯曲和拉伸，又可以像金属一样导电？这就是利用纳米技术制造出来的新材料——金属橡胶。"金属橡胶"的出现是材料学上的一次革命，也是纳米技术在新材料领域的成功应用。有了它，未来的飞机可以拥有像鸟儿一样可扇动的翅膀；有了它，未来的航空座椅将舒适无比；有了它，甚至连电视都可以做得又平又软，还能折叠起来放在口袋里……

人类一直幻想能够拥有像鸟类一样的翅膀。从人类第一次绑上羽毛模仿鸟类飞行到制造出空中巨无霸波音747，这种追求从来没有停止过。但即使在科技已经高度发达的今天，人类仍然无法完全模仿鸟类的飞行。

科学家对鸟类研究后发现，在飞行中，鸟类能根据飞行的需要，随时改变翅膀的形状，以适应不同的飞行状态，这种飞行不仅更经济，而且更有效、更安全。而制造可以变换形状的翅膀，就需要一种既具备金属的导电特性，又具备橡胶伸缩自如特点的新材料。

如今，金属橡胶的问世，给人类制造出像鸟类翅膀一样的"智能飞行翼"带来了新的曙光。

制造了金属橡胶的能人，是来自美国弗吉尼亚州的一个科学小组，这个小组的带头人就是材料学和工程学专家理查德·克劳斯教授。该小组用了整整6年的时间，终于使金属橡胶变成了现实。

金属橡胶的颜色呈棕褐色，外表有点像普通的塑料包装壳，但在这种普通外表的背后，则蕴含着一些令人吃惊的物理特性：它可以在外力的作用下拉伸2~3倍，随后恢复原状；被拉伸时，这种材料仍能够保持其金属特征，具有导电性；它可以像金属一样百毒不侵，无论将其放入航空燃料还是丙酮液体里，它都能完好无损地不被腐蚀，也不会发生结构上或化学上的降解；它可以在华氏700度的高温下不燃烧，也可以在华氏-167度的低温下不变性，其结构十分稳定。

按照目前的工艺水平，科学家每天可以制造出两英尺见方、7毫米厚的金属橡胶。科学家相信，随着工艺水平的不断进步，将来，金属橡胶的生产会像印刷报纸那样简单容易，适合各种用途的金属橡胶产品也将会被迅速生产出来。

金属橡胶最令人激动的应用前景，莫过于在未来航空领域的广泛使用。有了这种新型材料，人类制造出像鸟类那样"智能飞行翼"的梦想就将得以实现。目前，这种材料已经引起洛克希德－马丁公司的关注，该公司的科学家正在努力开发这种材料用于航空领域的可能性。

此外，这种材料还可以在生物医学产品如人造肌肉等方面得到迅速应用。利用这种新材料的特性，也可以设计出新型航空座椅、新型汽车，甚至连电视都可以设计成可以折叠的、放在口袋携带的超便携款式。

化学检验揭开"人瘟"之谜

午餐过后，一家四口突感四肢无力，呕吐不止，被认为"中邪"，举家搬到亲戚家躲避。一周后返家割稻，张罗丰盛午餐感谢帮忙的邻里，结果"邪气"再犯，3人气绝身亡，4人虽死里逃生，却留下严重的后遗症，村民称"人瘟"再发。

众人倒下的背后，到底隐藏着怎样的玄机？

"人瘟"？两顿中饭过后倒下数人。

1999年10月25日，进贤县下埠乡鹅窠村下河源自然村村民王国和夫妇及两个小孩吃过中饭后，4人突感四肢无力，接着头晕呕吐，在乡医院打过点滴后，症状暂时消失。村里人众口一词地说是中了"邪气"，吓得王国和一家不敢在家居住，举家到十几里外的岳父家躲避。

一周后的11月1日，王国和与妻子黄玉梅心有余悸地返家收割晚稻。邻里好友王建文、王国莲、王国兴等6人主动上门前来帮忙。中午，黄玉梅准备了一桌丰盛的午餐，招待忙乎了一上午的好心人。

谁料，酒酣耳热之际，"邪魔"又露出了狰狞的面目。饭后不久，前来帮忙的6人及主人王国和突然一个个呕吐不止，先后倒在王家堂屋和厕所旁不省人事。女主人黄玉梅因忙于炒菜递酒，尚未吃饭，才幸免于难。

村民们手忙脚乱地将7人送往乡卫生院抢救。途中，王建文一命呜呼；

到了卫生院，王宝莲、王国兴也气绝身亡；王国和及另外 3 人虽保住了性命，但都留下严重的后遗症。

村民们认为肯定又是"邪气"作怪，"人瘟"再发。但该村一小学教师王某颇感蹊跷，极力主张报案。当晚 9 时许，进贤县公安局相关领导带领技术人员赶到了下河源自然村进行调查，并请求南昌市公安局刑侦支队派刑事技术人员支持。

中毒！化学检验揭开死亡真相。

南昌市公安局刑事科学技术研究所理化室主任张学军，通过询问办案人员，对死者家属及其他 3 名死里逃生者的调查，了解到所有人在吃过午饭后不久，便出现呕吐不止、抽搐的症状。凭着多年的办案经验，张学军推测 6 人很有可能是毒鼠强中毒。科学证明，毒鼠强口服后数分钟至 30 分钟出现症状，中毒特点是症状突然发生，出现阵发性抽搐，类似癫痫病发作。抽搐发作的同时有昏迷、瞳孔散大、呼吸困难、口吐白沫等症状，在抽搐发作前有头晕、恶心、呕吐、腹痛、腹泻等症状。

为了证实自己的推测，张学军对死者进行解剖，提取了死者的胃组织和肝组织以及死者生前食用的菜、米、油、盐、酱、茶等进行检验。张学军告诉记者，毒鼠强为神经性高毒杀鼠剂，经胃肠吸收很快，进入体内后除胃及内容物，在肝、肾、心、血较均匀地分布，在体内代谢及排泄较慢。如果死者确实死于毒鼠强中毒，那么在胃组织和肝组织中一定含有毒鼠强的成分。

后来的技术检验与鉴定，证实了张学军的推测，死者体内被发现含有毒鼠强成分，检验中还发现王国和家的食盐罐中，拌入了毒鼠强药粉。张学军由此认定：这是一起故意投毒杀人案。

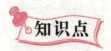

知识点

毒鼠强

毒鼠强又名没鼠命，四二四，三步倒，闻到死。是一种无味、无臭、有剧毒的粉状有机化合物。化学名是四亚甲基二砜四氨，由德国科学家在 1949 年首次合成的。其毒性极大，被实验动物食入后，几分钟即可死亡，且化学结构非常稳定，不易降解，可造成二次、三次中毒。因而世界上从未正式将其作为商品灭鼠药。早在1991年中国国家化工部、农业部就发文禁用毒鼠强。

延伸阅读

中国古代的毒药

断肠草

断肠草是葫蔓藤科植物葫蔓藤，一年生的藤本植物。其主要的毒性物质是葫蔓藤碱。据记载，吃下后肠子会变黑粘连，人会腹痛不止而死。一般的解毒方法是洗胃，服炭灰，再用碱水和催吐剂，洗胃后用绿豆、金银花和甘草急煎后服用可解毒。断肠草还有一说是雷公藤（《中药大辞典》）。绿豆、金银花和甘草实际上是万用解毒药，同样的还有荔枝蒂、生豆浆等。雷公藤生于山地林缘阴湿处。分布于长江流域以南各地及西南地区。根秋季采，叶夏季采，花、果夏秋采。

鸩

鸩是一种传说中的猛禽，比鹰大，鸣声大而凄厉。其羽毛有剧毒，用它的羽毛在酒中浸一下，酒就成了鸩酒，毒性很大，几乎不可解救。久而久之鸩酒就成了毒酒的统称。另一种说法：鸩不是一种传说中的猛禽，实际存在，即食蛇鹰，小型猛禽，在南方山区分布较广，如武当山地区。因其食蛇故被误认为体有剧毒。还有一种说法，鸩是一种稀有未知鸟类，被人捕杀而灭绝。

番木鳖

就是马钱子，是马钱科植物马钱子和云南马钱子的种子。扁圆形或扁椭圆形，直径1.5～3cm，厚0.3～0.6cm。常一面隆起，一面稍凹下，表面有茸毛。边缘稍隆起，较厚，底面中心有突起的圆点状种脐，质坚硬。毒性成分主要为番木鳖碱。主要用于风湿顽痹，麻木瘫痪，跌扑损伤，痈疽肿痛；小儿麻痹后遗症，类风湿性关节痛，据说还可用于重症肌无力。中毒症状是最初出现头痛、头晕、烦躁、呼吸增强、肌肉抽筋感，咽下困难，呼吸加重，瞳孔缩小、胸部胀闷、呼吸不畅，全身发紧，然后伸肌与屈肌同时作极度收缩，对听、视、味、感觉等过度敏感，继而发生典型的士的宁惊厥症状，最后呼吸肌强直窒息而死。解毒方法是使用中枢抑制药以制止惊厥，如阿米安钠、戊巴比妥钠或安定静注。然后洗胃，再后用甘草、绿豆、防风、钩藤、青黛（冲服）、生姜各适量水煎服，连续服4剂。

鹤顶红

鹤有鹤肉、鹤骨和鹤脑可入药，但都无毒，而且都是滋补增益的药。鹤顶红其实是红信石。红信石就是三氧化二砷的一种天然矿物，加工以后就是著名的砒霜。"鹤顶红"不过是古时候对砒霜的一个隐晦的说法而已。砷进入人体后，会和蛋白质的硫基结合，使蛋白质变性失去活性，可以阻断细胞内氧化供能的途径，使人快速缺少 ATP 供能而死亡，和氢氰酸的作用机制类似。

天然砒霜化学成分 As_2O_3，等轴晶系六八面体晶类。单晶晶形为八面体，也有菱形十二面体。集合体星状、皮壳状、毛发状、土状、钟乳状。白色有时带天蓝、黄、红色调，也有无色，条痕白色或淡黄。玻璃至金刚石光泽，亦有油脂、丝绢光泽。摩氏硬度 1.5，密度 3.73 ~ 3.90，解理完全，断口贝壳状，性脆，溶于水，有剧毒。

生活中的化学现象

　　化学作为一门基础的自然科学，与我们的生活密切相关，在我们的平常生活中无处不在。有人曾说过："农、轻、重，吃、穿、用，样样都离不开化学。""没有化学创造发现的物质文明，就没有人类的现代生活"。化学作为一门复杂的常识系统，能用来解决人类面对的问题，满足社会的需要，对人类社会做出贡献。它的成绩已成为社会文明的标记，深刻地影响着人类社会的成长。

　　就化学对人类的平常生活的影响来讲，化学已经深入我们日常生活的方方面面。例如人们在平常生活中利用的很多种用品，如塑料成品、橡胶成品、合成纤维成品、洗涤剂、扮装品、喷鼻精、文化用品等都是化学制品。还有我们的日产生活用品如牙膏、牙刷、香皂、化妆品、清洁剂等等无一不跟化学沾边。可以这样说，现代的人类根本无法离开化学制品！

肥皂去污之谜

　　衣服脏了，一般只要浸在水里，擦点肥皂搓搓，洗一洗就干净了。为什么用水和肥皂可以去掉污物呢？如果只用水不用肥皂；或者只用肥皂不用水，行吗？对于这个问题假使只摇头说不行，那是不够的，还得说说道理。因为普通的肥皂，它的主要成分是硬脂酸钠盐。这种盐的分子结构中，一部分能溶于水，叫"亲水性"；另一部分却不溶于水，而溶于油，叫"亲油性"。它们的作用虽然不同，却是相互牵连共同作用的。衣服上的污垢，主要由尘埃、煤烟、矿物油、油脂和汗渍等构成。如果衣服被油迹或污垢弄脏了，把衣服先浸湿，擦上肥皂，肥皂分子中的亲油部分，就纷纷跑向油迹和污垢，与它们互溶；而亲水的部分就随着亲油的部分在油迹外面的水里溶解。这样，油污就在肥皂分子与水分子相互作用的团团包围之中，油污渐渐溶解，最后被水清除掉。

为什么洗衣服要搓呢？因为油污等物被肥皂分子和水分子团团包围以后，它们与衣服纤维间的附着力减小，一经搓洗，肥皂液就渗入了不等量的空气，产生了大量泡沫。泡沫外面好像有一层紧张的薄膜，它既扩增了肥皂液的表面积，又使肥皂液更具有收缩的力量，通常把这种液面的收缩力量叫做表面张力。由于表面张力的作用，衣服上所沾有的油污或灰尘等微粒，就容易脱离织物，随水漂去，这就是它能去污的道理。

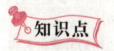 **知识点**

分 子

分子是构成物质的微小单元，它是能够独立存在并保持物质原有的一切化学性质的较小微粒。分子一般由更小的微粒——原子构成。按照组成分子的原子个数可分为单原子分子、双原子分子及多原子分子；按照电性结构可分为极性分子和非极性分子。不同物质的分子其微观结构，形状不同，分子的理想模型是把它看作球型，其直径大小为 10^{-10} m 数量级。分子质量的数量级约为 10^{-26} kg。

延伸阅读

洗衣皂、香皂、药皂

提起肥皂，我们就会想起黄色的洗衣皂、红色的药皂、五颜六色的香皂。它们都是肥皂，从制造的原料和生产的原理来看是相同的，都是利用动物油、植物油和碱为原料经皂化反应制成的。

不同点是：对原料的要求不同，生产洗衣皂是各种动、植物油和氢化油，一般不用经过复杂的精制处理，为了降低成本，在配方中往往还加入肥皂总量的10%～20%的松香。生产香皂是牛油、羊油和椰子油，制皂以前要特经过碱炼、脱色、脱臭的精制处理，使之成为无色、无臭的纯净油酯，在配方中只加少量松香；洗衣皂的生产工艺简单，制造成本比香皂低得多，加工香皂的工序多，而且复杂；洗衣皂不加香精或只加少量便宜的香精，借以遮盖一部分不愉快的气味，香皂的香气芬芳，是因为在加工过程中加入了1%～1.5%的香精，有的高档的香皂加入的香精量更多。洗衣皂一般不加着色剂，香皂常加入着色剂，使它具有鲜艳的颜色，博得人们的喜爱。

药皂和洗衣皂的不同点是：药皂在皂基中加入了各种不同的药物，药物成分能使皂体发软，所以必须选用含高级脂肪酸的固体油脂作为皂基。药皂的种类很多：有治疗疥疮的硫磺皂；有具有消毒作用的硼酸皂、石炭酸皂等。

洗衣皂由于碱量高，因而只宜于洗涤一般衣服用。香皂含碱量低，香气浓郁诱人，可用来洗脸、洗澡、洗发等。药皂杀菌力强，可用来洗澡、洗手、洗涤病人衣服或其他消毒性的洗涤之用，但因它们有刺激性，使用时应注意防止皂液进入眼内。

▌▌啤酒营养成分之谜

啤酒是全世界最为流行的一种含有少量酒精的清凉饮料，酒精含量少，发酵后的各种营养成分不流失，故有"液体面包"之美称。早在1972年召开的世界第九次营养食品会上，啤酒正式被确定为营养食品。

啤酒是以优质麦芽、大米、酒花为原料，并选用泉水或纯水酿制而成的。酿制啤酒的大麦先要使其发芽、产生各种酶，再将麦芽干燥、粉碎，然后掺水搅匀制得麦芽浆。同时，将大米煮沸，使之糊化，和麦芽浆混和进行糖化。麦芽粉和大米粉中含有大量淀粉，一定条件下被酶催化水解成可以发酵的麦芽糖、糊精等；原料中的蛋白质在酶的作用下，分解成氨基酸。糖化后的糊状稀液经过滤，滤出麦芽汁清液，加热煮沸。煮沸的目的是蒸发多余的水分，达到要求的浓度，

啤 酒

同时对麦芽汁杀菌。然后迅速降温到发酵温度，加入一定量的酒花、酵母等生物催化剂，使麦芽汁继续发酵分解，产生酒精、二氧化碳、丙三醇、有机酸和酵母的代谢产物。主发酵的温度控制在 $6.5℃ \sim 8℃$，需耗时 $7 \sim 10$ 天，以后再将温度控制在 $0℃ \sim 3℃$，发酵 $1 \sim 2$ 月，使啤酒中的残余糖类再发酵，以增加啤酒的稳定性，使酒液中含适量的二氧化碳；充分沉淀蛋白质，澄清酒液，使酒味醇正。饮用时，随二氧化碳挥发带出了易挥发的物质，使啤酒成为深受世人欢迎的味柔、风味独特的饮料。

啤酒中80% ~90% 的化学物质能被人体吸收，其中大部分都是经酵母中的酶分解后的小分子量有机物，且都呈溶解状态，极易为人的肠胃吸收。啤酒中除了酒精外，还含有还原糖、糊精、蛋白质分解物、无机盐类、维生素类，其中大部分都是人体不可缺少的营养物质，几乎没有对人体会产生毒素的化学物。

每升啤酒的总发热量为400 ~500 千卡（1 674 ~2 092 千焦），其中一半来自酒精、另一半来自糖类和蛋白质的分解产物。一升啤酒相当于200 克面包、500 克马铃薯、45 克植物油、0.75 升牛奶、5 ~6 个鸡蛋。

啤酒中蛋白质和其分解产物，含量为4 ~4.5 克/ 升，有17 种氨基酸，它们皆以溶解状态存在于啤酒中，含赖氨酸、组氨酸、天门冬氨酸、缬氨酸、亮氨酸、酪氨酸、苯丙氨酸、精氨酸都是人体不可缺少的，它不仅为人提供了营养必需品，而且也是消化系统的合适刺激剂。酒中 B 族维生素种类最多，B_1、B_2、B_6、B_{12}、尼克酸、泛酸（B_3）、叶酸还有维生素 C 等各种生物素。酿制的水中含有各种无机盐类，也不会损失。以100 毫升12 度的啤酒为

例，含钙50毫克、磷300毫克、钾250毫克、钠70毫克、镁100毫克，这些足以补充人体对各种营养素的需求。

市场上常见的瓶装啤酒度数有8°、10.5°、11°、12°、13°、14°等几种，这个"度"是指啤酒麦芽汁中麦芽糖类的百分比含量。如12°即为50千克麦芽汁中含有6千克糖类物质，国际上一般都采用此法来标定啤酒的度数。12°的啤酒按重量计只有4%左右的酒精，水则有90%以上。没有经过杀菌的啤酒称为鲜啤酒或生啤酒，酒中存在少量对人体有益的酵母，但保存的时间较短，一般供零售。杀菌过的啤酒称熟啤酒，熟啤酒用瓶装或罐装，在10℃～25℃的室温下，一般可存放1～6个月。啤酒中含磷酸盐、乳酸盐、琥珀酸盐，它们是构成啤酒口味和风味不可缺少的物质，少了它们啤酒就会平淡无味，使啤酒保持淡黄色色泽、洁白细腻的泡沫、清爽淡雅的醇和香气、诱人的口味，这些物质起了决定性的作用。过量饮用啤酒后，对肠胃也是有刺激作用的，对人体有害。医学家们提议，每日饮用酒精的量不能超过80克，相当于10°的啤酒2升。

知识点

维 生 素

维生素是生物的生长和代谢所必需的微量有机物。分为脂溶性维生素和水溶性维生素两类。前者包括维生素A、维生素D、维生素E、维生素K等，后者有B族维生素和维生素C。人和动物缺乏维生素时不能正常生长，并发生特异性病变，即所谓维生素缺乏症。

延伸阅读

别让维生素C从嘴边溜走

科学研究证明，亚硝胺之类的物质能引起人体细胞的突变、畸变，具有较强的致癌作用。然而，当亚硝酸盐遇到两倍于自量的维生素C时，就不能在人体内与胺化合成亚硝胺了。新鲜蔬菜、冷冻蔬菜、干制蔬菜和许多水果中都有丰富的维生素C，其中西红柿、青椒、菜花、油菜、卷心菜和橘子等所含的维生素C最多。有人用1：10的比例把亚硝胺与蔬菜汁混合起来试验，发现一些蔬菜能消除亚硝胺的致癌作用。

因此，日常生活中，我们要注意科学烹调，不让蔬菜和食品中的有效营养成分损失掉，特别是要注意保证维生素C免遭破坏。这就要求我们做到以下几点：

1. 多吃根茎类蔬菜。萝卜、豆芽、南瓜、莴苣和豌豆中含有一种酶，能分解亚硝胺，阻止致癌物质发生作用。白萝卜、胡萝卜等根茎蔬菜中含有较多的木质素，有一定的抗癌功效。因此，多吃些根茎类蔬菜对身体是很有好处的。

2. 蔬菜要先洗后切，切好即炒，炒了即吃。由于维生素C易溶于水，化学性能不稳定，所以烹调时，蔬菜不要切碎以后洗，更不宜长时间浸泡。

3. 旺火、急炒、快盛。这样可以充分保存食物尤其是蔬菜中的维生素C，尽量少蒸煮。

4. 不要轻易挤去菜汁，防止维生素C的流失。

5. 适当放些醋。醋不但可使菜味鲜美，还能起到保护维生素C的作用。

6. 烹调时不宜用食碱，否则会大量破坏B族维生素和维生素C。

▎▎防水衣透气防水之谜

大家知道，一般的布料都是用天然纤维（如棉花、羊毛等）或化学纤维（如涤纶、腈纶等）纺织而成的，纤维间有很多缝隙，显然它是可透气的，且很易被水润湿。在此笔者将从纤维是如何被水润湿开始来谈谈由经过处理后的纤维制得的防水服的防水原理。

无论是天然纤维、还是化学纤维，它的分子链中都带有亲水性的极性基团（—OH 或—NH 等，如羊毛含－NH基，维纶含—OH 基等，）所以很易被水润湿，因此毛细孔中（即隙缝内）的水面为凹形，此弯曲液面产生的附加压力 P_s 指向空气，而使水不断地自上而下经过此缝隙而使其透湿。但是人们为了方便和某种需要，总希望有一种可透气但又不能透水的衣服。基于上述原理，化学家们找到了一种特殊物质称为表面活性物质（用量尽管很少但对体系的表面行为有显著效应的物质）对纤维进行加工处理来改变纤维的表面行为。由于表面活性物质分子的极性部分（亲水基）与纤维的醇羟基结合，而其非极性部分（憎水基）则伸向空气，这样就使表面张力发生改变，使得：$\gamma_{纤维,空气} < \gamma_{纤维,水}$由公式得 $\cos\theta < 0$，$\theta > 90°$，纤维间的缝隙里水表面呈凸形，其附加压力 P_s 指向水内部，因而阻止了水继续向下透漏。从而达到透气防水的效果。

 **知识点**

棉　花

　　棉花，是锦葵科棉属植物的种子纤维，原产于亚热带。植株灌木状，在热带地区栽培可长到 6 米高，一般为 1~2 米。花朵乳白色，开花后不久转成深红色然后凋谢，留下绿色小型的蒴果，称为棉铃。锦铃内有棉籽，棉籽上的茸毛从棉籽表皮长出，塞满棉铃内部。棉铃成熟时裂开，露出柔软的纤维。纤维白色至白中带黄，长约 2~4 厘米，含纤维素约 87%~90%。

 **延伸阅读**

化学与生活的运用

　　1. 在山区常见粗脖子病（甲状腺肿大），呆小症（克汀病），医生建议多吃海带，进行食物疗法。上述病患者的病因是人体缺一种元素碘。

　　2. 用来制取包装香烟、糖果的金属箔（金属纸）的金属是铝。

　　3. 黄金的熔点是 1 064.4℃，比它熔点高的金属很多。其中比黄金熔点高约 3 倍，通常用来制白炽灯丝的金属是钨。

　　4. 金银匠偷金时所用的液体是王水。

　　5. 黑白相片上的黑色物质是银。

　　6. 儿童常患的软骨病是由于缺少钙元素。

　　7. 在石英管中充入某种气体制成的灯，通电时能发出比荧光灯强亿万倍的强光，因此有"人造小太阳"之称。这种灯中充入的气体是氙气。

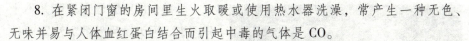

8. 在紧闭门窗的房间里生火取暖或使用热水器洗澡，常产生一种无色、无味并易与人体血红蛋白结合而引起中毒的气体是 CO。

9. 造成臭氧层空洞的主要原因是冷冻机里氟利昂泄漏。

10. 医用消毒酒精的浓度是 75%。

11. 医院输液常用的生理盐水，所含氯化钠与血液中含氯化钠的浓度大体上相等。生理盐水中氯化钠的质量分数是 0.9%。

12. 发令枪中的"火药纸"（纸炮）打响后，产生的白烟是五氧化二磷。

13. 萘卫生球放在衣柜里变小，这是因为萘在室温下缓慢升华。

14. 人被蚊子叮咬后皮肤发痒或红肿，简单的处理方法是擦稀氨水或碳酸氢钠溶液。

15. 因为某气体 A 在大气层中过量积累，使地球红外辐射不能透过大气，从而造成大气温度升高，产生"温室效应"。气体 A 是二氧化碳。

16. 酸雨是指 pH 小于 5.6 的雨、雪或者其他形式的大气降水。酸雨是大气污染的一种表现形式，造成酸雨的主要原因是燃料燃烧放出的二氧化硫、二氧化氮造成的。

17. 在五金商店买到的铁丝，上面镀了一种"防腐"的金属锌。

18. 全钢手表是指它的表壳与表后盖全部是不锈钢制的。不锈钢锃亮发光，不会生锈，原因是在炼钢过程中加入了铬、镍。

19. 根据普通光照射一种金属放出电子的性质所制得的光电管，广泛用于电影机、录相机中，用来制光电管的金属是铯。

20. 医院放射科检查食管、胃部等部位疾病时，常用"钡餐"造影法。用作"钡餐"的物质是硫酸钡。

发酵粉发酵之谜

馒头所以会那样又松又软，那是酵母菌帮了我们的忙。酵母菌随身带有好些酶，这些酶会叫面团发生一连串的化学变化，首先是面粉中的淀粉酶使淀粉变成糖分，然后使糖生成二氧化碳。这些二氧化碳在蒸馒头时受热膨胀，于是馒头里留下了许多小孔，同时还产生出少量的酒精和酯类挥发酸等，因此吃起来就十分松软可口。

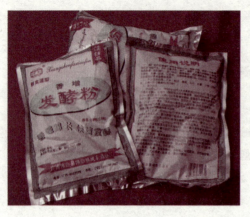

发酵粉

可是，用鲜酵母来发酵并不十分理想，因为这种发酵方法需要较长的时间，如果控制得不好，让发酵发过了头，食品就会带有酸味，或者不够松，因此食品工厂中做饼干、蛋糕时，事先并不将面粉发酵，只是往里面加入一些发酵粉，或是打入一些空气，同样能使食品中产生许多小气孔。

那么这些发酵粉究竟是些怎样的东西？为什么它们也能使食品产生小气孔呢？

有一种发酵粉的化学名字叫碳酸氢铵，它的外貌和面粉差不多，也是白色的粉末。不过，就是耐不得热，只要温度升到60℃～70℃，它就分解而放出大量二氧化碳气和氨气，所以加有少许碳酸氢铵的食品，在焙烘过程中，这些放出的气体就会"夺门"而出，使食品留下一个个气孔。

另一种发酵粉的成分是碳酸氢钠（俗称小苏打）和磷酸二氢钠的混合物。本来，碳酸氢钠和碳酸氢铵很有点相像，它受热后也会放出部分二氧化碳来，但是一来放出的二氧化碳不多，二来在这场化学变化的同时，会生成碱性很大的碳酸钠（俗称纯碱），使食品吃起来碱味太重，而且还会将许多维生素破坏掉，所以通常使用时总是把它和一个酸性物质如磷酸二氢钠并用，这样既可使所有的碳酸氢钠全部变成二氧化碳，同时作用后不会有很大的碱性，十分理想。

知识点

碳酸氢铵

碳酸氢铵，又称碳铵，是一种碳酸盐，含氮17.7%左右。可作为氮肥，由于其可分解为 NH_3、CO_2 和 H_2O 三种气体而消失，故又称气肥。

生产碳铵的原料是氨、二氧化碳和水。碳酸氢铵为无色或浅粒状、板状或柱状结晶体，碳铵是无（硫）酸根氮肥，其3个组分都是作物的养分，不含有害的中间产物和最终分解产物，长期施用不影响土质，是最安全的氮肥品种之一。

延伸阅读

食物中的二氧化硫

二氧化硫是无机化学防腐剂中很重要的一位成员。二氧化硫被作为食品添加剂已有几个世纪的历史，最早的记载是在罗马时代用做酒器的消毒。后来，它被广泛地应用于食品中，如制造果干、果脯时的熏硫；制成二氧化硫缓释剂，用于葡萄等水果的保鲜贮藏等。二氧化硫在食品中可显示多种技术效果，一般称它为漂白剂，因为二氧化硫可与有色物质作用对食品进行漂白。另一方面二氧化硫具有还原作用，可以抑制氧化酶的活性，从而抑制酶性褐变。总之，由于二氧化硫的应用可使果干、果脯等具有美好的外观，所以有人称它为化妆品性的添加剂。二氧化硫在发挥"化妆性"作用的同时，还具有许多非化妆作用，如防腐、抗氧化等，这对保持食品的营养价值和质量都是很必要的。长期以来，人们一直认为二氧化硫对人体是无害的，但自 Baker 等人在 1981 年发现亚硫酸盐可以诱使一部分哮喘病人哮喘复发后，人们重新审视二氧化硫的安全性。经长期毒理性研究，人们认为：亚硫酸盐制剂在当前的使用剂量下对多数人是无明显危害的。还有两点应该说明的是：食物中的亚硫酸盐必须达到一定剂量，才会引起过敏，即使是很敏感的亚硫酸盐过敏者，也不是对所有用亚硫酸盐处理过的食品均过敏，从这一点讲，二氧化硫是一种较为安全的防腐剂。

"恶狗酒酸"之谜

成语"恶狗酒酸"，说的是春秋时期，宋国有一位卖酒者，买卖公平，为人和蔼可亲。他酿造的酒又香又醇，"酒"字旗高高地悬挂着。但是，他的酒却卖不出去，以致时间一长，酒全都发酸变坏了。他感到很奇怪，就去询问朋友杨倩。杨倩告诉他说："你们家里养的那条狗太凶猛了，致使人们害怕，不敢光顾，酒卖不出，变酸了。"

为什么放的时间长了酒会变酸呢？原来，这里发生了化学变化。酒，主要是乙醇的水溶液，所以乙醇的俗名又叫酒精。在空气中，随着尘埃飘浮着一种醋菌，当醋菌落入酒中并大量繁殖时，便可以帮助酒发酵，促使乙醇与空气中的氧气缓慢地发生氧化反应。乙醇先被氧化成乙醛；乙醛又继续被氧化成乙酸。乙酸的俗名叫醋酸。酒变酸的原因就是因为酒中的部分乙醇转变成醋酸的缘故。苹果、梨烂了后，往往有股酸味，这也是醋菌在作怪。醋菌使水果中的果糖发酵生成乙醇，又促成乙醇经一系列的氧化而变成醋酸。

"绍兴老酒，越陈越香"的原因也与醋菌有关。将绍兴老酒密封保存之后，坛子里的酒在醋菌的作用下，少量被氧化生成醋酸。这部分醋酸又能与酒精缓慢地发生酯化反应，生成具有香蕉味的乙酸乙酯香料。日子越久，生成的乙酸乙酯越多，酒也越香。化学反应方程式如下：

$$CH_3COOH + CH_3CH_2OH \rightarrow CH_3COOC_2H_5 + H_2O$$

知识点

酒　精

　　酒精在常温、常压下是一种易燃、易挥发的无色透明液体，它的水溶液具有特殊的、令人愉快的香味，并略带刺激性。酒精的用途很广，可用酒精来制造醋酸、饮料、香精、染料、燃料等。医疗上也常用体积分数为70%～75%的酒精作消毒剂等。

延伸阅读

化学污染

　　食品中的化学物质污染有农药残留、兽药残留、激素、食品添加剂、重金属等。农残、兽残和激素对儿童的危害是肠道菌群的微生态失调、腹泻、过敏、性早熟等。因此，蔬菜、水果的合理清洗、削皮，选择正规厂家的动物性食品原料，不吃过大、催熟的水果等就显得十分重要。

食品添加剂的泛滥是儿童食品中化学污染的主要问题。街头巷尾的小摊小贩，学校周围的食品摊点，都在出售着没有保障的五颜六色的、香味浓郁的劣质食品。近年来医学界发现的中学生肾功能衰竭、血液病病例，已证实了儿童时期食用过多的劣质小食品的危害。

儿童的铅污染问题值得关注。与铅有关的食品是松花蛋、爆米花；有关的餐具是：陶瓷类制品、彩釉陶瓷用具及水晶器皿；含铅喷漆或油彩制成的儿童玩具、劣质油画棒、图片是铅暴露的主要途径之一，因此，儿童经常洗手十分必要。另外避免食用内含卡片、玩具的食品。

目前市场上的油炸食品和高蛋白食品，已经给中国的小朋友们带来了许多危害：体重超标，身体虚弱，身体功能、器官功能下降。

建议小朋友们尽量不吃或少吃爆米花、炸薯条（片）、肯德基炸鸡等食品。另外方便面、饮料要少用。

胡萝卜素之谜

近年来，β－胡萝卜素越来越受到人们的青睐，以β－胡萝卜素为主要成分的营养液——生命口服液、赐寿康、凯乐特等风靡市场，进入千家万户。胡萝卜素有很多种，β－胡萝卜素是其中最重要的一种。食物中深黄、橙色的水果，蔬菜如胡萝卜、杏子、木瓜、南瓜和深绿色蔬菜如菠菜、西兰花、水芹菜等都是β－胡萝卜素的主要天然来源。胡萝卜素最初是在胡萝卜中发现的，故而以之命名。

德国人理查德·库恩确定了β－胡萝卜素的化学成分和分子结构。这位1900年出生在奥地利维也纳的著名生物化学家，从小热爱科学，刻苦攻读。在德国有名的慕尼黑大学求学时，得到了曾获得诺贝尔化学奖的理查德·威尔斯泰教授指导，22岁就取得了博士学位。1927年他出版的化学、酶、物理化学方面的教科书成为当时公认的权威教科书。1929年他担任了海德堡大学教授和凯译·威廉医学研究院化学系主任。在此期间，库恩为了研究胡萝卜素的结构，进行了几年艰苦卓有成效的实验，终于搞清了β－胡萝卜素是由

胡萝卜

碳、氢两种元素组成，一种碳链和碳环中具有交替的单键和双键的共轭分子。

β-胡萝卜素并不能被人体直接吸收，在一种特殊酶的作用下，它的分子从中间断裂成为相同的两部分，这两部分各自结合一分子水，就成了两分子的维生素A。人体所需的维生素A一部分由蛋黄、动物肝脏等食物直接供给，一部分则由食物中β-胡萝卜素转化而来。当时库恩又证明了维生素A是人体不可缺少的物质，人体内若缺乏维生素A，就会得夜盲症和发育不良等疾病。此后，库恩还研究并人工合成了维生素A，维生素B_2。由于库恩在胡萝卜素和维生素研究方面所作的杰出贡献，瑞典皇家科学院授于他1938年诺贝尔化学奖。但事实上库恩并没有得到这笔奖金，因为当时正值第二次世界大战，纳粹德国阻止他前去领奖。然而这丝毫没有动摇他为科学献身的志向，始终不懈地研究、探索。特别是他又鉴定了维生素B_6、泛酸，并合成了大量类似物，对维生素的研究起了很大的推动作用，给人类健康带来了福音，这使他在科学界享有崇高的声誉。

现在，科学研究成果又进一步证明了β-胡萝卜素（维生素A）和维生素C、E一样，能保护人体细胞免受某些致癌物质如霉菌及其代谢物质黄曲霉素的损伤，帮助清除损伤细胞遗传物质的自由基分子，起到预防癌症，减慢甚至阻止早期癌症恶化的作用，它们作为抗氧化剂还有缓解心血管病的药疗性能。防止胆固醇阻塞动脉血管，从而避免或减少心脏病发作。美国科学家建议β-胡萝卜素的摄入量平均每天为6毫克。当前美国流行这么一句话：每天一个苹果，与医生拜拜；每天一根胡萝卜，与癌症告别。这是相当有道理的。因此，多吃新鲜蔬菜、水果，补充β—胡萝卜素和其他各种维生素，对人体健康是非常必要的。

知识点

β－胡萝卜素

β－胡萝卜素是类胡萝卜素之一，也是橘黄色脂溶性化合物，它是自然界中最普遍存在也是最稳定的天然色素。许多天然食物中例如：绿色蔬菜、甘薯、胡萝卜、菠菜、木瓜、芒果等，皆存有丰富的β－胡萝卜素。β－胡萝卜素是一种抗氧化剂，具有解毒作用，是维护人体健康不可缺少的营养素，在抗癌、预防心血管疾病、白内障及抗氧化上有显著的功能，并进而防止老化和衰老引起的多种退化性疾病。

延伸阅读

人体吸收胡萝卜素的步骤

日粮中的胡萝卜素摄入并贮存于机体，主要通过以下几个步骤：

1. 日粮中胡萝卜素在动物胃肠道中消化酶的作用下，从其蛋白质复合物中分离出来，在十二指肠与其他酯类物质一起经胆汁乳化后形成乳糜微粒；

2. 乳糜微粒向肠道吸收细胞刷状缘靠近以便被摄取，由小肠黏膜上皮细胞吸收；

3. 被吸收的胡萝卜素在小肠上皮细胞内立即被转移到细胞的一侧，一部分经双氧酶在中央或一侧裂解后转化为维生素 A 满足机体的需要；

4. 肝外组织利用酯蛋白脂酶的作用先于肝脏摄取胡萝卜素；剩下的部分和乳糜微粒一起释放进入淋巴和血液，以低密度脂蛋白为载体转运到肝脏；

5. 被肝脏摄入的胡萝卜素贮存于肝脏或者分泌入极低密度脂蛋白，低密度脂蛋白和高密度脂蛋白中的胡萝卜素被肝外组织摄取，并贮存于肝外组织。

味精提鲜之谜

　　在厨房里味精是调味品中不可缺少的重要角色，它和"鲜"字紧密相连。其实味精的历史不长，从发现至今还不到百年，和源远流长的油、盐、酱、醋、酒等调味品相比，味精只能算是个蹒跚学步的幼儿。

味　精

　　1908 年的一天，日本东京大学化学教授池田菊苗先生正在进食晚餐，喝了夫人做的汤觉得格外鲜美，惊问夫人是什么汤，回答是海带黄瓜汤。敏锐的池田猜测一定是海带中所含的某种物质所致，他饭未吃完就将剩余的海带带进了实验室，经过多次反复的化学分析，他发现海带中含有一种叫谷氨酸钠的物质，是它使菜汤变得美味可口。经过一年多不懈的工作，他提取了谷氨酸钠还获得专利。以后池田教授用小麦、大豆为原料来制取谷氨酸钠，并投入工业化生产，正式向市场推出取名为"味之素"的商品，不久立即风靡日本乃至世界。

　　20 世纪初，在中国不少地方也可看到大幅日本"味之素"广告。当时我国有位叫吴蕴初的化学工程师，对这种白色很鲜的粉末产生了极大兴趣。他买了一瓶进行分析研究，得知它的化学成分是谷氨酸钠，于是下决心制出中国自己的味之素。他凭着顽强的毅力和学识，经过一年多的试验，提炼出 10 克白粉似的晶体，一尝和日产味之素味道相同，喜获成功。吴蕴初受当时已有的"香水精"、"糖精"名称的启示，将这种很鲜的物质取名"味精"，从此中国也有了国产的味之素。味精味道鲜美，吴蕴初形容它只有天上的庖厨才能烹调出来，因此将和张崇新合资办的生产味精的工厂取名为"天厨味精厂"。该厂则建于 1923 年，生产"佛手牌"味精，"天厨"和"佛手"两者十分协调。推出的商品广告词也短小精悍，颇具特色，"天厨味精，鲜美绝伦"、"质地净素，庖厨必备"、"完全国货"，味精生意顿时打开局面，遍销全国经久不衰。1939年又在香港建味精分厂，"佛手牌"味精敢和日货竞争高低，不仅畅销东南亚各国还打入了美国市场。成为化学实业家的吴蕴初搏得了一个"味精大王"的称号，为旧中国民族工商业争了口气。

味精又叫味素，化学学名谷氨酸一钠，分子式 $C_5H_8NO_4Na$，是左旋谷氨酸的一钠盐，呈白色晶体或结晶性粉末，含一分子结晶水，无气味，易溶于水，微溶于乙醇，无吸湿性，对光稳定，中性条件下水溶液加热也不分解，一般情况下无毒性；有肉类鲜味，是商品味精的主要成分，也用作医药品（谷氮酸钠制成的针剂，在临床上静脉滴注治疗肝昏迷和由血氨引起的精神症状）。

作为调味品的市售味精，为干燥颗粒或粉末，因含一定量的食盐而稍有吸湿性，贮放应密闭防潮。商品味精中的谷氨酸钠含量分别有90%、80%、70%、60%等不同规格，以80%最为常见，其余为精盐，食盐起助鲜作用兼作填充剂。市场也有不含盐的颗粒较大的"结晶味精"。

烹调中味精用量要适当，一般浓度不超过5‰，多了反而不鲜。味精略呈碱性，不宜在碱性条件下使用，这样会生成似咸非咸，似涩非涩的谷氨酸二钠，鲜味降低。味精也不宜在高温下使用，150℃失去结晶水，210℃发生吡咯烷酮化生成有害的焦谷氨酸盐，达到熔点270℃左右则分解。在 pH 值小于5的酸性或碱性条件下加热，味精也会发生吡咯烷酮化，使鲜度下降。味精使用适宜温度为80℃左右，最高不超过120℃，宜在弱酸或中性条件下使用，一般在食用之前添加，这样效果最佳。

味精能被吸收，进入体内能参与合成人体所需要的蛋白质，可刺激食欲促进消化，但不宜多食，每人每日摄入量不超过6克为宜。过多食用会使血液中谷氨酸含量升高，影响人体对新陈代谢必需的二价钙、镁阳离子的利用，造成短时间的头痛、心跳、恶心等症状，婴幼儿宜少食。

味精早期生产是利用蛋白质水解法制取。将面粉制成含蛋白质较多的面筋，或用豆饼加盐酸溶液加热，使蛋白质完全水解生成含谷氨酸的溶液，再浓缩使之结晶。谷氨酸本身稍有酸性鲜味不大，要制成钠盐才能提高鲜度。将粗谷氨酸晶体溶解在水中，再用碱中和成为钠盐，并用活性炭脱去色素等杂质，再浓缩结晶即可得纯度在99%以上的谷氨酸钠。每50千克面粉可得2.5～3千克产品。水解法制味精粮食利用率低、劳动环境差、设备腐蚀严重，故逐渐被淘汰。

20 世纪 50 年代起人们采用糖和氮肥（硫铵、氨水、尿素等）为原料，利用细菌发酵法制谷氨酸。该法卫生又经济，每 50 千克糖可制谷氨酸 25 千克，因而迅速推广成为目前生产味精的主要方法。生产时将糖、养分、尿素等配成培养液，经高温蒸汽消毒杀菌，冷却后再接种纯种的细菌（有小球菌、芽孢杆菌、放线菌、杆菌等种类）。在人工控制的适宜条件下，用空气压缩机向培养液中吹入无菌空气，并不断搅动使细菌大量繁殖。细菌先将糖转变为酮戊二酸（$C_5H_6O_5$），再通过菌体内酶的作用，使酮戊二酸和氨结合生成谷氨酸（$C_5H_9O_4N$），细菌能使大部分的糖和尿素转变为谷氨酸。将发酵后含谷氨酸的液体，过滤除菌再加入盐酸使之沉淀出来，再经重结晶可得较纯的谷氨酸，再用来生产味精。发酵法还可综合利用制糖工业残留的废糖蜜，如甜菜制糖的糖蜜每 50 千克可生产味精约 11.5 千克。

众所周知，用鸡、鸭、鱼、肉制作的菜肴味道鲜美，是因为它们含有丰富的蛋白质。蛋白质由各种各样的氨基酸（通式 $H_2N \cdot R \cdot COOH$）组成，不少氨基酸味道很鲜。肉类食物烹调煮熟后，蛋白质分解为各种氨基酸，这就是鲜味的来源。蔬菜中蛋白质含量少，菜汤自然不如肉、鱼汤鲜。蟹、螺、蛤汤鲜是含有琥珀酸钠（丁二酸钠 $C_4H_4Na_2O_4$）的缘故。

调味品中酱油鲜是含有谷氨酸等多种氨基酸的原因，味精鲜是因为它是谷氨酸的钠盐。味精虽鲜但山外有山楼外有楼，还有比它更鲜的物质。倘若将 99% 以上的谷氨酸钠的鲜度定为 100°，那么叫肌苷酸钠的鲜度可达 4 000°，这是在 60 年代兴起的鲜味剂。它的分子式 $C_{10}H_{11}O_8N_4PNa_2$，含 5～7.5 分子结晶水，是用淀粉糖化液经肌苷菌发酵后逐步制得。这种无色或白色结晶溶于水，不溶于乙醇、乙醚，其水溶液对热稳定，安全性高，增强风味的效率是味精的 20 倍以上，可添加在酱油、味精之中。在市场上看到的"强力味精"、"加鲜味精"就是由 88%～95% 的味精和 12%～5% 的肌苷酸钠组成，鲜度在 130° 之上。

蘑菇、香蕈这类真菌植物无论是炒吃还是做汤，味道均非常鲜美，20 世纪初味精问世之后，日本科学家一度对蘑菇鲜味产生原因进行了研究。经分析其中含有一种叫"乌苷酸"的物质，比味之素要鲜百倍，当时未能制造成功。后来科学家从香蕈中提取了"乌苷酸钠"，测得其鲜度高达 16 000°，到 60 年代日本首先制造成功，于是在日本市场上又率先推出了"特鲜味之素"。作调味品比肌苷酸钠鲜数倍，有香蘑菇鲜味。乌苷酸钠和适量味精在一起会发生"协同作用"，可比普通味精鲜 100 多倍，在普通味精中掺上少量的乌苷酸钠就成为

"特鲜味精"，80年代初在我国市场上也出现了"特鲜味精"。

前些年人们又制造出了新的超鲜质，一种名叫a-甲基呋喃肌苷酸（$C_{15}H_{18}O_9N_4P$）的物质诞生了，它甚至比味精要鲜600多倍，即鲜度要达到60 000°，可谓是当今世界鲜味之最了。看来随着科学技术的不断发展，作为万物之灵的人类在吃的方面也是"口福不浅"。

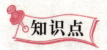

知识点

谷氨酸

谷氨酸，是一种酸性氨基酸。分子内含两个羧基，化学名称为α-氨基戊二酸。谷氨酸是里索逊1856年发现的，为无色晶体，有鲜味，微溶于水，而溶于盐酸溶液，等电点3.22。大量存在于谷类蛋白质中，动物脑中含量也较多。谷氨酸在生物体内的蛋白质代谢过程中占重要地位，参与动物、植物和微生物中的许多重要化学反应。

延伸阅读

茶锈是怎么产生的

当泡茶的时候，茶壶和茶杯用了一段时间以后，里面常常会"长"出一层棕红色的不太容易洗掉的茶锈。

茶锈是什么？它是从哪里来的呢？

当你把茶叶放送茶壶，冲入沸开水，稍等一会儿，一壶芬芳可口的茶就泡好了。也许你没有想到，从茶叶中逐渐溶解到水中去的化学成分，竟有好几十种呢！譬如：使茶具有涩味的成分是鞣质，使茶发出特殊芳香味的是挥发油；喝了茶会有兴奋和利尿作用的是咖啡碱和茶碱；绿茶呈现绿色，这是含有叶绿素的缘故，红茶显出红色，那是茶黄素和其他色素引起；另外，茶中还含有好几种维生素、糖类，还有多种无机盐。而使茶壶、茶杯出现茶锈，主要是鞣质搞的把戏。

　　鞣质是一种复杂的酚类有机物，能溶于水，特别是沸水。当你吃不太熟的柿子时，舌头常会涩得发麻，这就是鞣质在捉弄你。不成熟的水果、菱、藕以及许多中草药里，都含有鞣质。不过不同来源的鞣质，它们的化学结构并不完全一样，味道也各不相同。茶叶鞣质的味道先涩后甘，许多人都特别欣赏这种味道呢！

　　鞣质是一个性格不太安定的家伙，当它和空气中的氧"会面"时，它就会热情地和氧交上朋友，把氧原子拉进自己的身体里来，使自己氧化而变成暗色，所以茶水放置后颜色总是慢慢变深。另外，鞣质分子之间也会发生缩合、脱水等化学变化，使自己的"个子"变得更大，生成一种叫鞣酐的化合物，鞣酐是一种难溶于水的红色或棕色物质，当它慢慢从茶叶中沉淀出来的时候，总喜欢依附在茶壶和茶杯的内壁上，日子一久，就看到茶壶和茶杯里"长"了一层棕红色的茶锈。

　　要除去茶锈是不难的，你只要将茶壶茶杯中的水倒去，用一支旧牙刷挤上一段牙膏，在茶壶和茶杯中来回擦刷，由于牙膏中既有去污剂，又有极细的摩擦剂，很容易将茶锈擦去而又不损伤壶杯。擦过之后再用清水冲洗一下，茶壶和茶杯就又变得明亮如新了。

▌▌▌大蒜有益人体之谜

　　研究者普遍认为赋予大蒜独特味道的有机化合物——大蒜素，是世界上最有效的抗氧化剂。但是人们直到现在也没弄清大蒜素的作用原理，与类似维生素 E 和辅酶 Q10（能阻止自由基破坏性的影响）等其他更为普遍的抗氧化剂相比，大蒜素为何具有抗氧化性。这一研究结果发表在国际化学期刊《应用化学》中。

　　研究主持者，加拿大研究会自由基化学协会主席德里克·普拉特说："我们还不清楚大蒜的抗氧化效果来自何处，因为它不具有植物中所含的大量高抗氧化活性的化合物形态（比如说绿茶和葡萄中的黄酮）。如果大蒜素的确是大蒜抗氧化活性的成因，我们就会致力于弄清它是如何作用的。"

　　研究小组认为这是因为大蒜素具有高效毁坏自由基的能力，并考虑了大蒜素分解产物取代大蒜素的可能性。通过综合生产大蒜素的实验，他们发现和化合物分解迅速和自由基发生反应时会产生一种次磺酸。

普拉特博士解释说："从根本上说，为了产生有效的抗氧化剂，大蒜素化合物必须进行分解。次磺酸和自由基间的反应相当的迅速，这一反应只受这两个分子接触时间的限制。在这一反应中，没有比抗氧化剂反应更快的化合物，不论是天然的或是合成的。"

大 蒜

研究者坚信，次磺酸的反应和大蒜的药用效果之间存在着必然联系。普拉特博士说："尽管大蒜被用作中药已有几个世纪之久，市场上也有很多大蒜的替代品，但到目前为止仍未找到能揭示大蒜药用性的合理解释。我认为我们已经在发现一种基本化学机制（这可能有助于解释为什么大蒜有药用性）方面跨出了第一步。"

和洋葱、韭菜和葱一样，大蒜也是葱家族中的一员。这一家族中的其他种类也含有类似于大蒜素的化合物，但他们没有和大蒜同等的药物价值。普拉特博士和他的同事相信，这是由于洋葱、韭菜和葱大蒜素分解的速度较慢，这就会导致更少的次磺酸能作为抗氧化剂与自由基起化学反应。

这项研究由加拿大自然科学和工程研究理事会及安大略省创新部提供资金。研究小组的其他成员有女王的化学博士后研究员梵文底本和来自加拿大国家理事研究会的基思·英戈尔德。

知识点

抗氧化剂

抗氧化剂是阻止氧气不良影响的物质。它是一类能帮助捕获并中和自由基，从而祛除自由基对人体损害的一类物质。人体的抗氧化剂有自身合成的，也有由食物供给的。较强的抗氧化剂如艾诗特 ASTA 等，一般人类无法合成，必须从食物中摄取。

如何去掉口中的大蒜味

生活中，不少人都很怕吃大蒜，因为每次吃完，嘴里都会有一股蒜臭味，久久不散。其实，我们身边一些常见的东西，都是大蒜味的"克星"，您不妨一试。

牛奶：吃大蒜后的口气难闻，喝一杯牛奶，大蒜臭味即可消除。该方法的原理是牛奶里的蛋白质能够和产生蒜味的元素结合，从而去除蒜味。

柠檬：味酸、微苦，具有生津、止渴、祛暑的功效。可在一杯沸水里，加入一些薄荷，同时加上一些新鲜柠檬汁饮用，可去口臭。

柚子：味酸，性寒，可治纳少、口淡，去胃中恶气，解酒毒，消除饮酒后口中异味，有消食健脾、芳香除臭的功效。取新鲜柚子去皮食肉，细细嚼服。

金橘：味辛、甘，具有理气解郁、化痰醒酒的功效。对口臭伴胸闷食滞很有效，可取新鲜金橘5~6枚，洗净嚼服。本方具有芳香通窍、顺气健脾的功效。

蜂蜜：蜂蜜1匙，温开水1小杯冲服，每日晨起空腹即饮。蜂蜜具有润肠通脐、化消去腐的功效，对便秘引起的口臭颇有效。

山楂：味酸、微甘，性平，有散淤消积、清胃、除口酸臭的功效。取山楂30枚，文火煨黄、煮汤，加冰糖少量，每次1小碗。

茶叶：味苦，性寒，有止渴、清神、消食、除烦去腻的功效。用浓茶漱口或口嚼茶叶可除口臭。对进食大蒜、羊肉等食物后口气难闻，用茶叶1小撮，分次置于口中，慢嚼，待唾液化解茶叶后徐徐咽下，疗效颇佳。

三聚氰胺自述身世之谜

我的中文名字叫做"三聚氰胺"，英文名Melamine。我生于1834年，现年178岁，祖籍德国。我的"父亲"叫李比希。

我通常情况下为纯白色单斜棱晶体，无味，密度1.573g/cm³（16℃）。常压熔点354℃（分解）；快速加热升华，升华温度300℃。溶于热水，微溶于冷水，极微溶于热乙醇，不溶于醚、苯和四氯化碳，可溶于甲醇、甲醛、乙酸、热乙二醇、甘油、吡啶等。低毒。在一般情况下较稳定，但在高温下我可就要发威了，我就可能会分解放出氰化物，这可是剧毒性物质哟。

我在刚出生就为人们做出了巨大的贡献。我是一种非常重要的有机化工生产的中间产物，主要用来生产三聚氰胺甲醛树脂（MF）的原料，还可以作阻燃剂、减水剂、甲醛清洁剂等。用我生产的三聚氰胺甲醛树脂（MF）比脲醛树脂都好，不易燃，耐水、耐热、耐老化、耐电弧、耐化学腐蚀、有良好的绝缘性能、光泽度和机械强度，广泛运用于木材、塑料、涂料、造纸、纺织、皮革、电气、医药等行业。

我的毒性其实是比较低的。早在1945年就有人将我大剂量地饲喂给大鼠、兔和狗后没有观察到明显的中毒现象。小动物长期摄入我会造成生殖、泌尿系统的损害，膀胱、肾部结石，并可进一步诱发膀胱癌。1994年国际化学品安全规划署和欧洲联盟委员会合编的《国际化学品安全手册》第三卷和国际化学品安全卡片对我的描述也只说明：长期或反复大量摄入三聚氰胺可能对肾与膀胱产生影响，导致产生结石。

我的出生也很简单。当年我的父亲合成我时由电石（CaC₂）制备氰胺化钙（CaCN₂），氰胺化钙水解后二聚生成双氰胺，再加热分解合成了我。目前因为电石太贵了，这种生产我的方法已经过时了。与该法相比，尿素法成本低，目前世界各地纷纷采用。尿素以氨气为载体，硅胶为催化剂，在380℃~400℃温度下沸腾反应，先分解生成氰酸，并进一步缩合生成了我。

$$6(NH_2)_2CO \rightarrow C_3H_6N_6 + 6NH_3 + 3CO_2$$

生成的三聚胺气体经冷却捕集后得粗品，然后经溶解，除去杂质，重结晶得成品。尿素法生产三聚氰胺每吨产品消耗尿素约3 800kg、液氨500kg。

国外生产我的工艺大多以技术开发公司命名，如德国巴斯夫、奥地利林茨化学法、鲁奇法、美国联合信号化学公司化学法、日本新日产法、荷兰斯塔米卡邦法等。在中国我的生产企业多采用半干式常压法工艺，该方法是以尿素为原料，0.1MPa以下，390℃左右时，以硅胶做催化剂合成三聚氰胺，并让我在凝华器中结晶，粗品经溶解、过滤、结晶后制成了我。

最近几天实在令我感到悲伤：中国的多家婴幼儿奶粉生产商，还有那些可恶的奶贩子将我加入到婴幼儿奶粉中，使得全国多名婴儿患上了结石病。大家可能很多人还不知道为什么他们要把我加进奶粉吧。我就来给大家讲讲：

现在大家买奶粉时都会去看看奶粉中的蛋白质含量，大家也普遍认为蛋白质含量越高奶粉就越好。很是可惜自然状态下的奶粉中的蛋白质含量差异不会太大，于是有些利欲熏心的人就想到了我。因为现在的蛋白质测定方法叫做凯氏定氮法，是通过测出含氮量来估算蛋白质含量。合格奶粉中的含氮量仅为 0.44% 左右，而我的含氮量却高达 66.6%，是牛奶的 151 倍，是奶粉的 23 倍。我们可以算算这样每 100g 牛奶中添加 100mg 的我，就能提高 0.4% 蛋白质。

2008 年我被那些不法的商贩和生产商加到婴幼儿奶粉中伤害了中国小宝宝的身体，伤害了中国妈妈的心。今天我在这里给全中国人民道歉了，希望取得大家的原谅。我也将在将来为人们的生产生活作出更大的贡献，将功赎罪，以弥补这次的损失。同时也希望大家不要因为这次对我失望，不要对那些好的奶粉生产商感到失望。

知识点

树　脂

树脂一般认为是植物组织的正常代谢产物或分泌物，常和挥发油并存于植物的分泌细胞，树脂道或导管中，尤其是多年生木本植物心材部位的导管中。由多种成分组成的混合物，通常为无定型固体，表面微有光泽，质硬而脆，少数为半固体。不溶于水，也不吸水膨胀，易溶于醇、乙醚、氯仿等大多数有机溶剂。加热软化，最后熔融，燃烧时有浓烟，并有特殊的香气或臭气。分为天然树脂和合成树脂两大类。

延伸阅读

常见的致癌物

1. 黄曲霉素

黄曲霉素是目前发现的化学致癌物中最强的物质之一。它主要引起肝癌，还可以诱发骨癌、肾癌、直肠癌、乳腺癌、卵巢癌等。

黄曲霉素主要存在于被黄曲霉素污染过的粮食、油及其制品中。例如黄曲霉污染的花生、花生油、玉米、大米、棉籽中最为常见，在干果类食品如胡桃、杏仁、榛子、干辣椒中，在动物性食品如肝、咸鱼中以及在奶和奶制品中也曾发现过黄曲霉素。

2. N－亚硝基化合物

N－亚硝基化合物对动物是强致癌物，在经检验过的100多种亚硝基类化合物中，有80多种有致癌作用。

食物中过量的N－亚硝基化合物是在食物贮存过程中或在人体内合成的。在天然食物中N－亚硝基化合物的含量极微（对人体是安全的），目前发现含N－亚硝基化合物较多的食品有：烟熏鱼、腌制鱼、腊肉、火腿、腌酸菜等。

3. 稠环芳烃类化合物

稠环芳烃类化合物多存于煤焦油、木焦油和沥青等物质中。

化学世界中的"百慕大"

　　百慕大三角即指北起百慕大群岛、西到美国佛罗里达洲的迈阿密、南至波多黎各圣胡安的一个三角形海域。有传闻说，在这片面积达40万平方英里的海面上，从1945年开始数以百计的飞机和船只，在这里神秘地失踪。人们对于百慕大的研究从未停止，但是仍然有许多谜团未能解开。

　　其实，百慕大现象不光是在地理世界常有发生，在化学界，也有许许多多类似于百慕大一样的神秘莫测的现象，让科学家们摸不着头脑，有的现象难以用现在的科学去解释。这些谜团一直吸引着人们的眼球，相信终有一日，"百慕大"会揭开她神秘的面纱。

敦煌石窟中的颜料之谜

　　敦煌石窟以其壁画、塑像闻名于世，颜料使得石窟艺术更加绚丽多彩。敦煌石窟不仅是世界上伟大的艺术宝库，还是一座丰富的颜料标本博物馆。丰富多彩的敦煌石窟艺术宝库中，为我们保存了古代千百年间10余个朝代的大量彩绘艺术的颜料样品，是研究我国古代颜料发展史的重要资料。这样宏大的壁画在世界上是独一无二的。这些经历了千百年的壁画，至今仍然光彩鲜艳，金碧辉煌。各种颜料历经千百年自然演变的情况在画面上得到了真实的反映。它们的耐光、耐磨、耐久等性能在这座特殊的天然实验室中得到了经久的考验。可是为什么时间漫漫颜色却鲜艳依旧?

面对这样的谜题,也为了让更多的美流传下去,许多学者开始了艰辛的寻觅之旅。

根据国内外对敦煌石窟艺术所用颜料的分析可知,大体可分为无机颜料、有机颜料和非颜料物质 3 种类型。无机颜料中的红色有朱砂、铅丹、雄黄、绛矾。黄色有雌黄、密陀僧。绿色有石绿、铜绿。蓝色有青金石、群青、蓝铜矿。白色有铅粉、白垩、石膏(熟石膏又称半水石膏)、氧化锌、云母。黑色主要是墨。此外,壁画、彩塑上还应用了金箔、金粉。有机颜料红色有胭脂(红花提取物),黄色有藤黄,蓝色有有机蓝(靛蓝)。非颜料的矿物质以白色为多,如高岭石、滑石、石英、白云石,还有碳酸钙镁石、角铅矿、氯铅矿、硫酸铅矿等,都是古代富有经验的民间画工因地制宜挑选来做颜料代用品的。滑石是含镁的水合硅酸盐,叶蛇纹石是一种镁的含水硅酸盐,化学成分是(Mg〔(OH)SiO(OH)〕)或(MgSiO(OH))。主要颜料的应用比阿富汗著名的巴米羊石窟、印度的阿旃陀石窟,中国新疆库车的克孜尔石窟、吐鲁番的伯孜克里克石窟,甘肃炳灵寺、麦积山石窟,山西大同云冈石窟等大量石窟寺彩绘艺术所用颜料都多。比同时期的全国各地的墓室壁画、画像砖所用颜料更多。比中国古代绘画论著记载、绘画作品的颜料更丰富。

在所应用的 30 多种颜料中,其中的个别颜料在绘画中是很早就使用的,并且史料没有记载。例如:青金石、密陀僧、绛矾、铜绿、雌黄、雄黄、云母粉、叶蛇纹石、石膏等颜料的使用等等。所有这些都反映出我国古代在化学工艺方面长期居于世界领先地位。

知识点

云 母

云母是一种造岩矿物,通常呈假六方或菱形的板状、片状、柱状晶形。颜色随化学成分的变化而异,主要随 Fe 含量的增多而变深。云母的特性是绝缘、耐高温、有光泽、物理化学性能稳定,具有良好的隔热性、弹性和韧性。在工业上用得最多的是白云母，其次为金云母。其广泛地应用于建材行业、消防行业、灭火剂、电焊条、塑料、电绝缘、造纸、沥青纸、橡胶、珠光颜料等化工工业。

延伸阅读

"越王剑"为什么没生锈

1965 年，湖北省博物馆在江陵发掘楚墓时，发现了两把寒光闪闪、非常珍贵的宝剑，金黄色的剑身上，还有漂亮的黑色菱形格子花纹，其中一把剑上铸有"越王勾践 自作用剑"8 个字，这就是极其有名的越王勾践剑。这两把宝剑在地下埋藏了足足有 2 000 多年，出土时竟仍然光彩夺目，锋利无比，并无丝毫锈蚀。难怪 1973 年该剑在国外展出时，不少参观者都惊叹不已。

为了揭开这把宝剑的不锈之谜，就必须分析宝剑的化学组成，特别是宝剑表层的化学成分。不过，为了不损坏这些宝贵的文物，不能采用一般的化学分析法。考古工作者采用了多种现代仪器设备，对宝剑的组成进行了物理检测。根据检测分析，发现这些宝剑的成分是青铜，也就是铜锡合金。锡是一种抗锈能力很强的金属，因此青铜的抗蚀防锈本领，自然要比铁器高明得多。不过更主要的，还在于这些宝剑的表面都曾被作过特殊的处理。

越王勾践剑剑身上的黑色菱形格子花纹及黑色剑格，是经过硫化处理的，这是用硫或硫化物和剑的表层金属发生化学作用后形成的，检测时还发现有一些别的元素，这种处理，不但使宝剑美观，同时也大大增强了宝剑的抗蚀防锈能力。

这就是现代金属处理中所谓的表面钝化处理。你一定会对我国早在 2 000 多年前所取得的这一成就深感敬佩了！

"青金石"之谜

青金石是中国古老的传统玉石之一。青金石古因"色相如天"（亦称"帝青色"或"宝青色"），很受中外帝王的器重，所以在古代多被用来制作皇室的各种玉器工艺品。由于青金石具有美丽的天蓝色，所以，我国古代很早就把它作为彩绘用的蓝色颜料。而敦煌石窟是应用青金石颜料时间最长，用量最多的地点之一。在北朝至元的石窟壁画、彩塑艺术中都应用了青金石颜料。世界上只有阿富汗等几个国家出产青金石，截至目前，在中国还没发现有青金石的矿产资源。

我国史书中记载了两种含铜化合物：绿盐和铜绿，其化学成分是氯化铜（$CuCl_2 \cdot 2H_2O$），绿盐又名盐绿，最早是西北新疆等地少数民族的地方特产。较早记载绿盐制备方法的是唐代医学家苏敬的《新修本草》。五代李珣的《海药本草》曰："绿盐，出波斯国，生石上，舶上将来谓之石绿，装色久而不变。中国以铜、醋造者，不

青金石

堪入药，色也不久"。由于古代文献中"绿盐"、"盐绿"常与矿物颜料相关，而且形状、颜色的描述都以扁青、空青为例，甚至干脆称为"石绿"，所以，古代"绿盐"、"盐绿"除了作为医药、炼丹药物等外，也作为彩绘绿色颜料应用。据目前的科学分析结果可知，以氯铜矿、水氯铜矿作为绿色颜料的使用以我国西北地区为最早，应用最广泛的是甘肃河西走廊各地石窟和墓室彩绘壁画。敦煌石窟（包括莫高窟、西千佛洞、安西榆林窟、东千佛洞等）应用的时间最长，用量最多，从北凉（397—439 年）到元代千余年间一直应用。

古代所利用的铅化合物中有两种叫做"黄丹"的铅氧化物，那就是红色的 Pb_3O_4 和黄色的 PbO。在古代的炼丹、医药本草及其他著作中还有"密陀僧"等不同的名称。唐代著名炼丹家张九垓《金石灵砂论》中最早明确了密陀僧与铅的关系："铅者黑铅也……可作黄丹、胡粉、密陀僧"。经对莫高窟最早的 7 个北凉时期的洞窟颜料进行分析，其中在北凉的 4 个颜料样品中分析出 PbO，而且这 4 个样品都是单一的 PbO，没有 Pb_3O_4 及其他红色颜料混入。由此可知，我国黄丹作为壁画颜料的应用，最迟不会晚于 3 世纪。到了唐代，密陀僧作为绘画颜料已很普遍。在敦煌莫高窟盛唐窟壁画中也发现有

此颜料。我国古代约有近30种文献记载了关于敦煌一带（瓜、沙二州）出产黄矾、绿矾、绛矾、金星矾（铁矾）的情况。绛矾可由绿矾焙烧制得。绿矾在空气中经大火焙烧，析出结晶水的同时会被空气氧化成为红色，驱尽其中水分后，即成为棕红色犹如黄丹的粉末，古时称为绛矾，北宋苏颂编撰的《图经本草》记载了鉴别绿矾的方法。绛矾不仅是名贵的药品、炼丹的原料，而且也是自唐以来在敦煌石窟壁画、彩塑中使用的红色颜料。辛勤的学者仔细研究了甘肃河西走廊特别是敦煌一带的自然矿产资源分布情况，查阅了史书中所载甘肃、新疆等地以及古代丝绸之路上中西贸易、科技交流中有关颜料的资料。根据史料所记载以及现代科学的实地勘探考察得知，敦煌石窟艺术所用的十几种主要的矿物质颜料，有些是经过比较复杂的物理加工制作而成的天然矿物颜料，有一些是从中原内地运来的成品或半成品，个别的则是从古代的"西域"远道运来的。通过对颜料来源的研究，还可揭示古代中西文化、贸易、科技交流方面的许多秘密。

知识点

钒

钒，元素符号 V，银白色金属，在元素周期表中属VB族，原子序数23，原子量50.941 4，体心立方晶体，常见化合价为 +5、+4、+3、+2。钒的熔点很高，常与铌、钽、钨、钼并称为难熔金属。有延展性，质坚硬，无磁性。具有耐盐酸和硫酸的本领，并且在耐气 - 盐 - 水腐蚀的性能要比大多数不锈钢好。于空气中不被氧化，可溶于氢氟酸、硝酸和王水。

延伸阅读

钻石的化学成分

钻石的化学成分是碳，这在宝石中是唯一由单一元素组成的。属等轴晶系。晶体形态多呈八面体、菱形十二面体、四面体及它们的聚形。纯净的钻石无色透明，由于微量元素的混入而呈现不同颜色。强金刚光泽。折光率2.417，色散中等，为0.044，均质体。用热导仪测试，反应最为灵敏。硬度为10，是目前已知最硬的矿物，绝对硬度是石英的1 000倍，刚玉的150倍，怕重击，重击后会顺其解理破碎。一组解理完全。密度3.52克/立方厘米。钻石具有发光性，日光照射后，夜晚能发出淡青色磷光。X射线照射，发出天蓝色荧光。钻石的化学性质很稳定，在常温下不容易溶于酸和碱，酸碱不会对其产生作用。

钻石与相似宝石、合成钻石的区别。宝石市场上常见的代用品或赝品有无色宝石、无色尖晶石、立方氧化锆、钛酸锶、钇铝榴石、钇镓榴石、人造金红石。合成钻石于1955年首先由日本研制成功，但未批量生产。因为合成钻石要比天然钻石费用高，所以市场上合成钻石很少见。钻石以其特有的硬度、密度、色散、折光率可以与其相似的宝石区别。如：仿钻立方氧化锆多无色，色散强（0.060）、光泽强、密度大，为5.8克/立方厘米，手掂重感明显。钇铝榴石色散柔和，肉眼很难将它与钻石区别开。

黑兽口湖献"宝"之谜

在俄罗斯里海附近的沙漠中，有一个名字很奇特的湖——黑兽口湖。人们怎么会给它起这么个怪名字呢？原来，这个湖和里海之间有一条狭窄的通道相连，每天不断地吞饮着里海的海水。多少年过去了，它却总喝不饱，真好像神话中说的"无底洞"一样。随着狭窄的通道，鱼也进入湖中，奇怪的是，鱼一到湖中，就会翻过肚皮，不断挣扎着被波浪涌上湖岸。谁也说不清楚这是怎么回事。

不过，黑兽口湖对人却很"仁慈"，尤其是对那些不会游泳的人。在这里，会游泳的和不会游泳的，它都一律对待，决不会吞没你，尽可放心大胆地跳进湖中，用你所喜欢的任何一种姿式游泳。假如你游累了，还可躺在湖面上休息，甚至可以躺在上面看书呢。但是，如果你要想潜到湖下去，却十分困难，湖水总要把你托上湖面，好像怕你潜入湖底偷走它的珍宝似的。

湖中确实有宝，得到它也不困难，你只要冬天来就行了。那时，湖水会通过波浪将宝奉献，令你取不胜取。而你要在夏天来呢，却什么也得不到，

只好空手而归。

　　湖中的宝贝是什么呢？它是一种白色固体，样子跟食盐差不多。但你若是真的把它当作食盐放到菜里，那可就糟了。吃菜的人不仅会叫苦不迭，而且还会大泻不止，就像吃了过量，在你看来啥都是暂时的泻药。其实，这种东西本身就是一种泻药，它的名字叫"芒硝"，化学名称叫"十水硫酸钠"，分子式 $Na_2SO_4 \cdot 10H_2O$。在中药中，它又叫朴硝或皮硝，虽不是正牌的泻盐（西药中泻盐为七水硫酸镁 $MgSO_4 \cdot 7H_2O$），却是与泻盐同属"盐类泻药"，而且是"资格"更老的泻剂和解毒剂。

知识点

食　盐

　　食盐，是对人类生存最重要的物质之一，也是烹饪中最常用的调味料。盐的主要化学成分为氯化钠（化学式 NaCl）在食盐中含量为 99%，部分地区所出品的食盐加入氯化钾以降低氯化钠的含量以降低高血压发生率。同时世界大部分地区的食盐都通过添加碘来预防碘缺乏病，添加了碘的食盐叫做碘盐。

延伸阅读

矿物质与人体健康

　　矿物质又称无机盐。人体所含各种元素中，除碳、氢、氧、氮主要以有机化合物形式存在外，其他各种元素无论含量多少统称为矿物质。

　　矿物质来自土壤。人体内的矿物质一部分来自作为食物的动、植物组织，一部分来自饮水、食盐和食品添加剂。矿物质与有机营养素不同，它们既不能在人体内合成，除排泄外也不能在体内代谢过程中消失。基于在体内的含量和膳食中的需要不同，它可分成两类，钙、磷、硫、钾、钠、氯和镁 7 种元素，含量在 0.01% 以上，需要量在每天 100mg 以上，称为大量元素或常量元素，而低于此数的其他元素则称为微量元素或痕量元素。

已知有14种微量元素为人体所必需，即铁、锌、铜、碘、锰、钼、钴、硒、铬、镍、锡、硅、氟、钒。其中后5种是在1970年前后才确定为必需的。近年有人认为砷、铷、溴、锂有可能也是必需的。缺少任何一种微量元素或者某种矿物质过量，都会导致机体组织异常甚至出现病变。

矿物质的功能

矿物质摄食后与水一道吸收，人体矿物质的总量不超过体重的4% ~ 5%，却是机体不可缺少的成分，其主要功能如下。

1. 机体的重要组成成分。体内矿物质主要存在于骨骼中并起着维持骨骼刚性的作用。它集中了99%的钙与大量的磷和镁。硫和磷还是蛋白质的组成成分。细胞中普遍含有钾、体液中普遍含有钠。

2. 维持细胞的渗透压与机体的酸碱平衡。矿物质与蛋白质一起维持着细胞内外液一定的渗透压，对体液的贮留和移动起重要作用。此外，矿物质中由酸性、碱性离子的适当配合，和碳酸盐、磷酸盐以及蛋白质组成一定的缓冲体系可维持机体的酸碱平衡。

3. 保持神经、肌肉的兴奋性。组织液中的矿物质，特别是具有一定比例的 K^+、Na^+、Ca^{2+}、Mg^{2+} 等离子对保持神经、肌肉的兴奋性、细胞膜的通透性，以及所有细胞的正常功能有很重要的作用。如 K^+ 和 Na^+ 可提高神经肌肉的兴奋性，而 Ca^{2+} 和 Mg^{2+} 则可降低其兴奋性。

百慕大的"死亡三角"之谜

在美国南部佛罗里达半岛东面的大西洋中，有一百慕大群岛。把它与南方的古巴、牙买加和波多黎各连接起来，组成一个边长约2 000千米的巨大三角形海区，这就是著名的百慕大三角。50多年来，进入海区的轮船以及飞入上方的飞机都神秘失踪。杀手是谁，成为世界之谜。原来在几百万年的地球进化史，使百慕大三角区海床积有大量动植物尸体和沉船遗物等有机物质，这些有机物质不可避免要腐烂、变质、发酵，形成大面积的甲烷气体，在深海兼高压条件下，结晶形成"可燃冰"。在海底"可燃冰"融化释放大量甲烷气的过程中，可导致其所在海域的海水不断翻腾，形成巨大面积的气泡阵，而这些气泡窜腾升空后有会形成这一海域上空巨大云雾状气团。当轮船经过这种一阵阵间歇不定变化的海域时，就注定了其将"死无葬身之地"。因为这时海水中充满了甲烷气泡，从而使其密度下降，导致海水无法产生足够的浮力去承载船体重量，船只便注定了无法逃脱迅速下沉的悲惨命运。而飞机飞过此海域上空时，由于飞机机尾排出的灼热尾气引燃了不断喷涌上升的甲烷气，结果也导致了飞机难逃被焚烧毁灭的悲惨厄运。

知识点

> ## 甲　烷
>
> 甲烷在自然界分布很广，是天然气、沼气、油田气及煤矿坑道气的主要成分。它可用作燃料及制造氢气、碳黑、一氧化碳、乙炔、氢氰酸及甲醛等物质的原料。化学式为 CH_4。

延伸阅读

中国首次开采出天然气水合物（可燃冰）样品

中国在南海北部成功钻获天然气水合物实物样品"可燃冰"，从而成为继美国、日本、印度之后第4个通过国家级研发计划采到天然气水合物实物样品的国家。

2007年5月1日凌晨，中国在南海北部的首次采样成功，证实了中国南海北部蕴藏丰富的天然气水合物资源，标志着中国天然气水合物调查研究水平已步入世界先进行列。

可燃冰的学名为"天然气水合物"，是天然气在0℃和30个大气压的作用下结晶而成的"冰块"。"冰块"里甲烷占80%～99.9%，可直接点燃，燃烧后几乎不产生任何残渣，污染比煤、石油、天然气都要小得多。1立方米可燃冰可转化为164立方米的天然气和0.8立方米的水。目前，全世界拥有的常规石油天然气资源，将在40～50年后逐渐枯竭。而科学家估计，海底可燃冰分布的范围约 4 000 万平方千米，占海洋总面积的 10%，海底可燃冰的储量够人类使用 1 000 年，因而被科学家誉为"未来能源"、"21 世纪能源"。

据悉，迄今为止，全球至少有 30 多个国家和地区在进行可燃冰的研究与调查勘探。

可燃冰主要储存于海底或寒冷地区的永久冻土带，比较难以寻找和勘探。新研制的这套灵敏度极高的仪器，可以实地即时测出海底土壤、岩石中各种超微量甲烷、乙烷、丙烷及氢气的精确含量，由此判断出可燃冰资源存在与否和资源量等各种指标。

木乃伊千年不腐之谜

化学家透过气相层析及质谱仪研究木乃伊在不同代中的防腐材料变迁，其中的防腐材料主要为油、蜂蜡、松脂等的有机物质。

利用天然化合物保存下来的人类遗迹木乃伊，是当时化学能力超凡的一种象征。古埃及人谨慎严密地守着这种木乃伊化技术的秘密，然而，随着时代的前进，这种保存技术也跟着式微。除了希腊、罗马历史学家的二手报告外，没有任何有关此技术的手稿留存下来；而由于法律将木乃伊视为稀有历史文物、人类遗迹般保护，以至于任何有关其技术的研究资讯也非常罕见。

《自然》期刊曾刊出了一项木乃伊的新研究成果——英国布里斯托大学的首度利用气相层析及质谱仪这种现代分析化学对不同年代的木乃伊们进行研究，他们表示法老王的后人是以大量的油、蜂蜡、松酯作为防腐的材料。

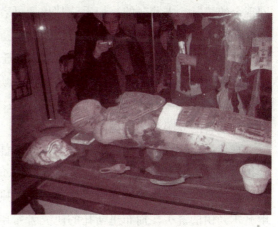

木乃伊

这两个科学家研究了 13 具公元前 1985 年（第 12 埃及王朝）到公元前 30

年（罗马时代）的木乃伊，以追踪防腐剂种类的变迁。他们发现许多会风干的油，且这种油的使用是非常普遍的；在使用时它是液体状，过一段时间后就自行聚合、硬化。防腐物质似乎就是利用这些油作为密封剂，以避免水气渗入。藉由这些防水物的包覆，就能保护处在地面下的木乃伊免受潮湿侵袭。

胡夫金字塔

另外，他们也发现松酯、蜂蜡的重要性与日俱增。研究发现了珍贵松酯的踪迹，虽然松酯大概也包含了一些精神上或宗教、文化上的重要性，但现在知道它能减缓微生物的分解作用，具有天然抗菌剂的功能，所以它最有可能作为防腐剂。而蜂蜡只出现在晚期的木乃伊身上，在它的抗菌能力被看中之时，它可能也更加频繁被运用上，同时它也能作为密封剂，而这可能不只是个巧合，因为"蜡"在古埃及语中就是"沉默"的意思。

防腐材料的变异可能是经济状况造成的结果（材料的取得及花费）、时尚风气的改变或特别的防腐指导方针。美国伊利诺州大学的考古学家说，如同现今的情况，丧葬时的一切手续都得遵循着家族的章法，防腐剂混合涂料的变异能提供我们关于古埃及人经济状况的重要资讯，而随时代变迁而异的防腐技术可能也可以反映出过去商队路线的迁移。

这项研究显示古埃及人使用的防腐剂材质多样性远多于早先的报告。一位荷兰 FOM 原子分子物理协会的化学家认为，这项研究将会令考古学家与埃及古物学者的双眼为之一亮。

现代的化学分析方法仅需极少的样品就能进行分析，对这些极珍贵的木乃伊也只会造成极轻微的损害。也因此 Wisseman 说，全球拥有木乃伊馆藏的博物馆馆长们对此应感到非常兴奋才是（一则可维护木乃伊的完整，一则能解开木乃伊的谜）。而布里斯托的研究者希望以此研究说服其他有木乃伊馆藏的馆长们，在未来也能让他们取得木乃伊的样本继续进行研究。

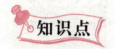 **知识点**

蜂 蜡

　　蜂蜡是工蜂腹部下面4对蜡腺分泌蜡物质。其主要成分有：酸类、游离脂肪酸、游离脂肪醇和碳水化合物。此外，还有类胡萝卜素、维生素A、芳香物质等。蜂蜡在工农业生产上具有广泛的用途。在化妆品制造业，许多美容用品中都含有蜂蜡，如洗浴液、口红、胭脂等；在蜡烛加工业中，以蜂蜡为主要原料可以制造各种类型的蜡烛；在医药工业中，蜂蜡可用于制造牙科铸造蜡、基托蜡、黏蜡、药丸的外壳；在食品工业中可用作食品的涂料、包装和外衣等；在农业及畜牧业上可用作制造果树接木蜡和害虫黏着剂；在养蜂业上可制造巢础、蜡碗。

 **延伸阅读**

胡夫金字塔的巧合之谜

　　在埃及首都开罗郊外的吉萨，有一座举世闻名的胡夫金字塔。作为人造建筑的世界奇迹，胡夫金字塔首先是世界上最大的金字塔，刚开始建成时的胡夫金字塔高度为146.59米，底边长度为230米，是由250多万块每块重约2.5～5.0吨的巨石垒砌而成的。胡夫金字塔的建成时间大约在距今4700年前，随着岁月的流逝，在雨雪风沙的击打之下，今天的胡夫金字塔已经不复当年的雄姿，现在的胡夫金字塔的高度仅为138米，而底边的长度则是220米，尽管如此，它仍然不失为世界之最，高高矗立在蓝天白云与满目黄沙之间，蔚为人间的壮观。

　　人们到现在已经知道，由于地球公转轨道是椭圆形的，因而从地球到太阳的距离，也就在14 624万千米到15 136万千米之间，从而使人们将地球与太阳之间的平均距离149 597 870千米定为一个天文度量单位；如果现在把胡夫金字塔的高度146.59米乘以10亿，其结果是14 659万千米正好落在 14 624 万千米到 15 136 万千米这个范围内。事实上，这个数字很难说是出于巧合，因为胡夫金字塔的子午线，正好把地球上的陆地与海洋分成相等的两半。难道说埃及人在远古时代就能够进行如此精确的天文与地理测量吗？

出乎人们意料之外的数字"巧合"还在不断地出现。早在拿破仑大军进入埃及的时候，法国人就对胡夫金字塔的顶点引出一条正北方向的延长线，那么尼罗河三角洲就被对等地分成两半。现在，人们可以将那条假想中的线再继续向北延伸到北极，就会看到延长线只偏离北极的极点 6.5 千米，要是考虑到北极极点的位置在不断地变动这一实际情况，可以想象，很可能在当年建造胡夫金字塔的时候，那条延长线正好与北极极点相重合。

除了这些有关天文地理的数字以外，胡夫金字塔的底部周长如果除以其高度的 2 倍，得到的商为 3.141 59，这就是圆周率，它的精确度远远超过希腊人算出的圆周率 3.142 8，与中国的祖冲之算出的圆周率在 3.141 592 6 ～ 3.141 592 7 之间相比，几乎是完全一致的。同时，胡夫金字塔内部的直角三角形厅室，各边之比为 3∶4∶5，体现了勾股定理的数值。此外，胡夫金字塔的总重量约为 6 000 万吨，如果乘以 10 的 15 次方，正好是地球的重量！

所有这一切，都合情合理地表明这些数字的"巧合"其实并非是偶然的，这种数字与建筑之间完美地结合在一起的金字塔现象，也许有可能是古代埃及人智慧的结晶。正如有人所说："数字是可以任人摆布的东西，例如巴黎埃菲尔铁塔的高度为 299.92 米，与光速 299 776 000 米/秒相比，前者正好是后者的百万分之一，而误差仅仅为 0.5‰。这难道仅仅是巧合吗？还是人们对于光速已经有所了解呢？如果不是为了显示设计者与建造者的智慧，也就无需在 1889 年以修建铁塔的方式来展示这一对比关系。"

事实上，胡夫金字塔的奇异之处，早已超出了地球上人们的想象力。这样，以胡夫金字塔为典型的大金字塔现象，对于地球人来说，也许始终是一个难解之谜。

拿破仑因何而死

法国著名的军事家拿破仑·波拿巴生前曾在战场上指挥千军万马，立下了赫赫战功，可谓风云一时，但是关于他的死因，在历史上却一直是个谜。

近一个世纪以来，世界各国舆论对拿破仑之死众说纷坛，各抒己见。当时法国官方的死亡报告书鉴定为死于胃溃疡，而有人却认为他死于政治谋杀，更有人论证他是在桃色事件中被情敌所谋害。

近年来，英国的科学家、历史学家运用了现代科技手段，采集了拿破仑的头发，并对其成分及含量进行了分析。同时，他们又实地调查了当时滑铁卢战役失败后放逐拿破仑的圣赫勒拿岛，并获得了当年囚禁拿破仑房间中的墙纸。经过研究，英国科学家发表了一个分析报告，宣布杀死拿破仑的"凶手"是砒霜。

砒霜的学名叫 As_2O_3，是一种可以经过空气、水、食物等途径进入人体的剧毒物。拿破仑死前并没有吃过砒霜，也没有人用砒霜谋害过他（因为食用砒霜立即会死亡，而拿破仑是在囚禁过程中生病死的），因此，当英国科学家在宣布这个结论时，人们都感到十分意外。

那么砒霜是如何使拿破仑中毒并死亡的呢？

原来，当年囚禁拿破仑的房间里，四周墙壁上贴着含有砒霜成分的墙纸。在阴暗潮湿的环境下，墙纸会产生一种含有高浓度砷化物的气体，以致使这间屋子里的空气受到污染，日积月累，年复一年，终于使拿破仑患上慢性砷中毒而死亡。

英国法医研究所在化验拿破仑的头发时，发现在他的头发中，砷的含量已超过正常人的 13 倍。另据当年的监狱看守人记录有"拿破仑在生命的最后阶段，头发脱落，牙齿都露出

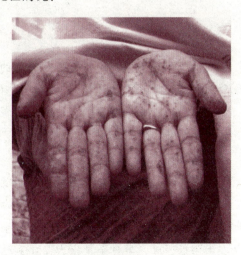

砷中毒

了齿龈，脸色灰白，双脚浮肿，心脏剧烈跳动而死去"。这种症状完全类似于砷中毒的症状。因此，对拿破仑是死于砷中毒的结论就容易理解了。

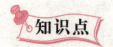

知识点

砷

砷是一个知名的化学元素，元素符号 As，原子序 33。第一次有关砷的记录是在 1250 年，由大阿尔伯特所完成。它是一种以有毒著名的类金属，并有许多的同素异形体，黄色（分子结构，非金属）和几种黑、灰色的（类金属）是一部分常见的种类。3 种有着不同晶格结构的类金属形式砷存在于自然界（严格地说是砷矿，和更为稀有的自然砷铋矿和辉砷矿，但更容易发现的形式是砷化物与砷酸盐化合物，总共有数百种的矿物是已被发现的。砷与其化合物被运用在农药、除草剂、杀虫剂与许多种的合金中。

延伸阅读

生命需要它——磷

对于生命来说，缺磷是不可想象的。人的大脑里含有磷脂。磷，因此被称为"生活和思维的元素"。支撑人体的骨骼，化学成分便是磷酸盐。

人和动物非常需要磷，植物也非常需要磷。磷肥能够帮助庄稼的幼芽与幼根的生长，促进幼苗的发育，促进开花结实，使庄稼早成熟，籽粒饱满，结的果实又大又甜。

人体内的磷参与许多重要生理功能，如糖和脂肪的吸收以及代谢都需要磷。另外，对能量的转移和酸碱平衡的维持有重要作用。

磷的名字却有一段有趣的来历。金星比我们的地球更靠近太阳。当金星在太阳以西时，早晨金星比太阳早到达东方的地平线。当太阳出山时，它已闪耀在东方的上空。那时它就是"晨星"，在希腊语中为 Phosphoros，意为

"光亮"。当炼金术士从尿中分离能在暗处发光的物质时，称该物质为phophorus，它一度曾是那颗晨星的名字，现在却成了磷这种元素的名字。

人体的磷来自植物。人体钙和磷是好朋友。钙满足需要，磷也会满足需要。由于食物种类广泛，人体磷的来源不成问题，故实际上并没有规定供给量的必要。

死海到底因何不死

在亚洲西部，约旦王国与以色列国的边界上，有一个面积1 000多平方千米的内陆湖，它的名字叫做死海。

为什么叫这么个不吉祥的名字呢？原来，在这个内陆湖里，几乎没有什么生物能够生存，沿岸草木也很稀少，一片死气沉沉的景象，所以大家就把它叫死海了。

死 海

但是，死海里的水并不像别的江河湖海那样容易吞噬生命，淹死人畜。据说，在1 900多年前，古罗马帝国的军队进攻耶路撒冷的时候，军队的统帅狄杜要处死几个俘虏，他让人把这些俘虏捆起来，投到死海里，想把他们淹死。不料，这些俘虏并没有沉到水里，一阵风浪，又把他们送回岸边来了。统帅命令把他们再次投进湖里，过一会儿又都漂了回来。这位罗马统帅以为他们有神灵保佑，只好把这几个俘虏放了。

不管这个传说是否真实，死海倒的确是淹不死人的，即使不会游泳的人，也会漂浮在水面上，甚至还能在水面读书看报呢！

死海为什么有这些奇异之处呢？关键在于死海的水里含有大量的食盐。据测定，死海的含盐量高达250‰～300‰，是一般海水中食盐含量（约为35‰）的7～8.6倍！这样高的食盐含量是不利于生物生长的，所以这个内陆

RENLEI ZAI HUAXUE SHANG DE TANZHI

湖成了死海；这样高的含盐量，使湖水的密度很大，超过了人体的密度，因此，人在湖水里不会下沉，不会游泳也能漂浮在水面上。这就是死海与众不同的"秘密"。

食盐溶于水，就成了食盐的水溶液，死海里含有大量的食盐，形成了浓度较大的食盐的水溶液。上面提到的250‰就是这一溶液的浓度，其含义是：在100克溶液里含有25克食盐，75克水。这种用溶质的质量占全部溶液质量的百分比表示浓度的方法，叫做质量百分比浓度，简称百分浓度。它是最常用的表示溶液浓度的方法。

显然，百分浓度和溶解度的含义是不同的。溶解度是在一定温度下，100克溶剂里所能溶解的溶质的克数，百分浓度则是在100克溶液里所含溶质的克数。溶质在溶液里的含量达到其溶解度时，溶液就成为饱和溶液了。但在实际生产、科研和日常生活中，不仅需要饱和溶液，也需要各种浓度的稀溶液和浓溶液，因此也就有许多种表示溶液浓度的方法。

知识点

耶路撒冷

耶路撒冷是由Jeru（城市）和Salem（和平）两个词根组成，意思是"和平之城"。巴勒斯坦国中部城市，世界闻名的古城。人口72.4万（2006），居民主要是犹太人和阿拉伯人。相传公元前10世纪，以色列的大卫王曾在此筑城建都。公元7世纪成为阿拉伯帝国的一部分。阿拉伯人不断移入，并和当地土著居民同化，逐步形成了现代巴勒斯坦阿拉伯人。

延伸阅读

死海中的生物

死海是位于西南亚的著名大咸湖，湖面低于地中海海面392米，是世界最低洼处，因温度高、蒸发强烈、含盐度高，达250‰～300‰，据称除个别的微生物外，水生植物和鱼类等生物不能生存，故得死海之名。当滚滚洪水流来之期，约旦河及其他溪流中的鱼虾被冲入死海，由于含盐量太高，水中又严重地缺氧，这些鱼虾必死无疑。

那么死海真的就没有生物存在了吗？美国和以色列的科学家，通过研究终于揭开了这个谜底：但就在这种最咸的水中，仍有几种细菌和一种海藻生存其间。原来，死海中有一种叫做"盒状嗜盐细菌"的微生物，具备防止盐侵害的独特蛋白质。

众所周知，通常蛋白质必须置于溶液中，若离开溶液就要沉淀，形成机能失调的沉淀物。因此，高浓度的盐分，可对多数蛋白质产生脱水效应。而"盒状嗜盐细菌"具有的这种蛋白质，在高浓度盐分的情况下，不会脱水，能够继续生存。

嗜盐细菌蛋白又叫铁氧化还原蛋白。美国生物学家梅纳切姆·肖哈姆，和几位以色列学者一起，运用X射线晶体学原理，找出了"盒状嗜盐细菌"的分子结构。这种特殊蛋白呈咖啡杯状，其"柄"上所含带负电的氨基酸结构单元，对一端带正电而另一端带负电的水分子具有特殊的吸引力。所以，能够从盐分很高的死海海水中夺走水分子，使蛋白质依然逗留在溶液里，这样，死海有生物存在就不足为奇了。

参加这项研究的几位科学家认为，揭开死海有生物存在之谜，具有很重要的意义。在未来，类似氨基酸的程序，有朝一日移植给不耐盐的蛋白质后，就可使不耐盐的其他蛋白质，在缺乏淡水的条件下，在海水中也能继续存在，因此这种工艺可望有广阔的前景。

20世纪80年代初，人们又发现死海正在不断变红，经研究，发现水中正迅速繁衍着一种红色的小生命——"盐菌"。其数量十分惊人，大约每立方厘米海水中含有2 000亿个盐菌。另外，人们还发现死海中还有一种单细胞藻类植物。看来，死海中也是一个生机勃勃的世界。

铅与古罗马宫廷灾难之谜

公元前2世纪，繁荣的希腊，由于不明的原因使统治集团体弱力衰，被强盛的罗马帝国征服，并于公元前146年并入罗马版图。随着希腊先进酿酒及烹饪技术的引入，一种新奇的金属制品也成为罗马贵族阶层的日用珍贵器具。它制作的器皿，光亮闪烁，不像铜器那样产生令人讨厌的绿锈；贵族们爱喝的葡萄汁中若加上这种金属粉，可以除掉酸味，还可使酒醇香而甜；有轻泻作用的蜂蜜在这种金属容器中加热，成了止泻剂；这种金属粉制成的化妆品，可让贵族夫人们的皮肤更白……这种金属就是铅。

现代研究表明，葡萄酒不发酸，是由于生成了带甜味的醋酸铅，而且铅能杀死发酵的微生物；加热蜂蜜止泻是因为溶出的铅抑制消化道的运动，是一种毒性反应。铅是多亲和性毒物，它对人的全身各个系统都有毒性，除消化系统外，还严重影响到生殖系统、神经系统等。并且铅的致毒剂量很低，每日摄入 1 毫克即危险，同时难于排解。

铅中毒后不仅有失眠、头痛、乏力等体质消退和不适应症状，还将导致男性不育、妇女不孕。即使怀孕也会发生流产、死胎；少数胎儿虽能成活，由于铅对神经系统的毒性，大都造成永久性的智力低下。这样，铅毒在充分享用当时铅文明的贵族中像瘟疫一样蔓延。据记载，古罗马特洛伊贵族 35 名结了婚的王爷，半数以上没有生育；其余的王妃虽然有喜，活着生下的只是少数几个低能儿，皇室几乎没有嫡生的子女。为此，安东宁斯皇帝提出了一项补救措施，选拔贵族中健康而又聪明的人为皇位继承人。这本是一项希腊早期贵族共和制的明智决策；可惜当皇位传到马康斯奥里利斯时，皇后生了一个白痴康美大斯，而昏庸的皇上让他继承了王位。从此破坏了选拔制度，统治集团的衰落，最终使罗马帝国灭亡。

2000 多年后，在考古学、毒理学、环境化学、古尸分析法检的基础上，解开了生活中铅性食品和用具给古罗马宫廷带来的灾难之谜。

知识点

蜂　蜜

蜂蜜，是昆虫蜜蜂从开花植物的花中采得的花蜜在蜂巢中酿制的蜜。蜜蜂从植物的花中采取含水量约为 80% 的花蜜或分泌物，存入自己第二个胃中，在体内转化酶的作用下经过 30 分钟的发酵，回到蜂巢中吐出，蜂巢内温度经常保持在35℃左右，经过一段时间，水分蒸发，成为水分含量少于20%的蜂蜜，存贮到巢洞中，用蜂蜡密封。蜂蜜的成分除了葡萄糖、果糖之外还含有各种维生素、矿物质和氨基酸。1千克的蜂蜜含有2940卡的热量。蜂蜜是糖的过饱和溶液，低温时会产生结晶，生成结晶的是葡萄糖，不产生结晶的部分主要是果糖。

延伸阅读

铅污染

在所有已知毒性物质中，书上记载最多的是铅。古书上就有记录认为用铅管输送饮用水有危险性。公众接触铅有许多途径。近年来公众主要关心石油产品中含铅问题。颜料含铅，特别是一些老牌号的颜料含铅较高，已经造成许多死亡事件，因此有的国家特别制定了环境标准规定颜料中铅的含量应控制在600mg/kg之内。

有的国家还没有制定出标准，但是市场出售高铅含量颜料时贴出标签警示用户。食品中也发现铅的残留，或是空气中的铅降下污染食物，或是罐头皮的铅污染罐头食品。铅的另外一个重要来源是铅管。几十年以前建筑住宅时用铅管或铅衬里管道，夏天的天然冰箱也用铅衬里，这些年已经禁用，改用塑料或其他材料。

一般饮用水中铅含量的安全界限是100微克/升，而最高可接受水平是50微克/升。后来又进一步规定自来水中可接受的铅最大浓度为50微克/升（0.05毫克/升）。此外，为了研究铅对人体健康的影响，科学家着手检测人体血样的铅浓度，作为是否铅中毒的先期指标。数据表明：如果饮用水接近50微克/升，那么该病人血样的铅浓度约在30微克/升以上。吃奶的婴儿要求应该更为严格，平均血铅浓度要不超过10~15微克/升。

水厂处理水过程中可能加入钙和重碳酸盐以保持水呈碱性，继而减少水对输水管道的腐蚀，这个过程会带来新的风险。但是腐蚀问题很复杂，不是如此这般所能解决的，应该总体净化，但又价格昂贵。

许多化学品在环境中滞留一段时间后可能降解为无害的最终化合物，但是铅无法再降解，一旦排入环境很长时间仍然保持其可用性。由于铅在环境中的长期持久性，又对许多生命组织有较强的潜在性毒性，所以铅一直被列为强污染物范围。

急性铅中毒目前研究的较为透彻，其症状为：胃疼，头痛，颤抖，神经性烦躁，在最严重的情况下，可能人事不省，直至死亡。在很低的浓度下，铅的慢性长期健康效应表现为：影响大脑和神经系统。科学家发现：城市儿童血样即使铅的浓度保持可接受水平，仍然明显影响到儿童智力发育和表现行为异常。我们只有降低饮用水中的铅水平才能保证人们对铅的摄取总量降低。无铅汽油的推广应用为降低环境中的铅污染立了大功，特别是降低了大气中的颗粒物中的铅。

铅与颗粒物一起被风从城市输送到郊区，从一个省输送到另一个省，甚至到国外，影响其他地区，成了世界公害。科学家在北美格陵兰地区的冰山上逐年积冰的地区打钻钻取冰柱，下层的年头久远，顶层的年头较近，亦即不同层次测定冰的铅含量。结果表明：1750 年以前铅含量仅为 20 微克/吨；1860 年为 50 微克/吨；1950 年上升为 120 微克/吨；1965 年剧增到 210 微克/吨。近代工业的发展，全球范围的污染日趋严重。